1週間で

LaTeXの基礎が学べる本

明松 真司 著

インプレス

注意書き

- 本書の内容は、2022年6月の情報に基づいています。記載した動作やサービス内容、URLなどは、予告なく変更される可能性があります。
- 本書の内容によって生じる直接的または間接的被害について、著者ならびに弊社では一切の責任を負いかねます。
- 本書中の社名、製品・サービス名などは、一般に各社の商標、または登録商標です。本文中に ©、®、™ は表示していません。

ダウンロードの案内

本書に掲載しているソースコードはダウンロードすることができます。パソコンの WEB ブラウザで下記 URL にアクセスし、「●ダウンロード」の項目から入手してください。

https://book.impress.co.jp/books/1121101076

学習を始める前に

はじめに

本書は、これから組版処理システム LaTeX（ラテック／ラテフ）に入門する人のための学習書です。説明を全 7 章、7 日分に分けて、1 日 1 章ずつ学んでいけば、LaTeX を使ってさまざまな文書を作成できるスキルが身に付きます。

LaTeX の基本を学ぶと、例えば大学のレポートや参考書のような美しい数式まじりの文書が自由に作れるようになります。

ここで「基本」と言いましたが、LaTeX を本当に隅から隅まで理解しようとすると、それはとてもこの「1 週間シリーズ」では扱いきれない、途方もない作業となります。しかし、あくまで LaTeX を「使う」だけであれば、そこまで難しい話ではありません。さらに、実際の学校生活や教材作成などで必要となるのは、往々にしてその「使う」スキルだけで十分に足りてしまいます。7 日間、集中して学べば感覚はつかめます。

筆者は普段から専門学校や社会人研修の講師などを行っていますが、その際に使う配布教材、さらには日常的に必要となる文書など、ほとんどすべてを LaTeX で作成しています。きっとこれからも、筆者はいろいろな文書を LaTeX を使って作り続けるでしょう。

そしてこんな話をすると、「よく聞かれる」ことがいくつかあるなということに気付きました。以下に 3 つほど挙げてみましょう。

◉ Wordで良くないですか？

世の中には、もはや文書作成のデファクトスタンダードである「Microsoft Word」というソフトウェアがあります。そしてこの Word を使えば直感的に文書のレイアウトを整えたり、数式エディタという機能を使って数式を文書中に入れることもできてしまいます。

Word は優れたソフトウェアですが、科学技術系の文書の作成においては、現在でも LaTeX が大きく支持されています。LaTeX は基本的に文書をソースコード（専用の命令の集まり）として記述し、それを実際の文書（PDF ファイル）に変換することによって文書作成を行うので、文書作成の方法を学ぶコストという点では、Word よりも時間と労力を要してしまうことは事実です。が、実際にいざ LaTeX の記法に慣れてしまえば…

- キーボード上ですべての操作を完結させられるので、文書作成効率が圧倒的に向上する。
- Word では再現できない、非常にスタイリッシュな数式を簡単に作れる。
- レイアウト、目次作成、索引作成、番号振りなどがすべて自動で行われる。

などの、非常に大きなメリットが享受できます。

◉ LaTeXはいまどき使われているんですか？

現在、大きな流行を見せている人工知能などの分野では、「Notebook」という環境上に、さまざまな数式を記述する機会に迫られることが多いです。その際に用いられる「Markdown 記法」においても、数式を記述するときは LaTeX とまったく同じルールを使います。LaTeX は昔よりもむしろ今のほうが、「世界標準の数式記述言語」として、カジュアルに、かつ一般的に用いられるようになった印象があります。

◉ LaTeXで文書作成をするのは大変ではないですか？

LaTeX は「ソースコード」によって文書を記述するので、一見「使うのが難しい」ように感じることも無理はありません。しかし、いったん LaTeX に慣れてしまうと、驚くほど簡単に、かつスピーディに美麗な文書が作成できるようになります。

また、昔は大変だった「LaTeX の環境を PC 上に構築」することも、今ではクラウド上で簡単に動作する環境がかなり整備され、格段にコストが減りました。本書でも、クラウド上で動作する LaTeX 環境である「Cloud LaTeX」を用いますので、誰でも簡単に LaTeX を使い始めることができます。

● LaTeX を使えるようになるための心構え

LaTeX を学ぶことは「簡単」だとは書きましたが、あくまでそれは「しっかりと学習に取り組む」ことが前提となる話です。LaTeX を学んで使えるようになるために、重要な心構えをいくつかご紹介します。

◉ 「とにかく書く」のが大事！

なんといってもこれが一番重要です。この本では「書き方」をご紹介しますが、結局は手を動かして文書を実際に作ってみないと、LaTeX はなかなか上達しません。「まだ不安だから ...」などと思わず、とにかくいろいろな文書や数式、レイアウトを自分の手で書き、結果を目で見て感動するという体験を繰り返してください。

◉「細かいルール」をないがしろにしない。

LaTeX で文書作成をする上では、「細かいルール」や「慣習」がかなりあります。中には、「守らなくても、完成した文書の見栄えに影響がない」ものもありますが、本書の中で紹介するルール、慣習はどれも、LaTeX の長い歴史の中で生き残り続けてきた重要なものばかりです。

たとえ、「守らなくても、完成した文書の見栄えには影響しない」ルールだとしても、それを守ることで「ソースコードが見やすく」なったり、「管理のしやすさが格段に上がる」などのご利益が必ずあります。特に、長い文書作成を行う場合などは、このルールを守ることが、未来の我々を守ることに直結しているのです。少々面倒だと感じても、これらのルールや慣習をないがしろにしないことがとても大切です。

◉「書き方を暗記しよう」と思いすぎない。

LaTeX には、さまざまなコマンドや環境など、「覚えるべきこと」がいくつもあります。しかし、それらを一度で暗記しようとしても、恐らくは量が多すぎて、なかなかうまくは行かないでしょう。

LaTeX のコマンドや環境は、どちらかというと「頭で覚える」というよりも「手が覚える」ものという印象があります。1 度で脳内にインプットすることは難しくとも、必要になったときに調べて 5 ～ 6 回書くという作業を行えば、自然と手が的確にそれをタイピングできるようになるでしょう。

「焦らず学ぶ」というのはとても重要なことです。

本書の使い方

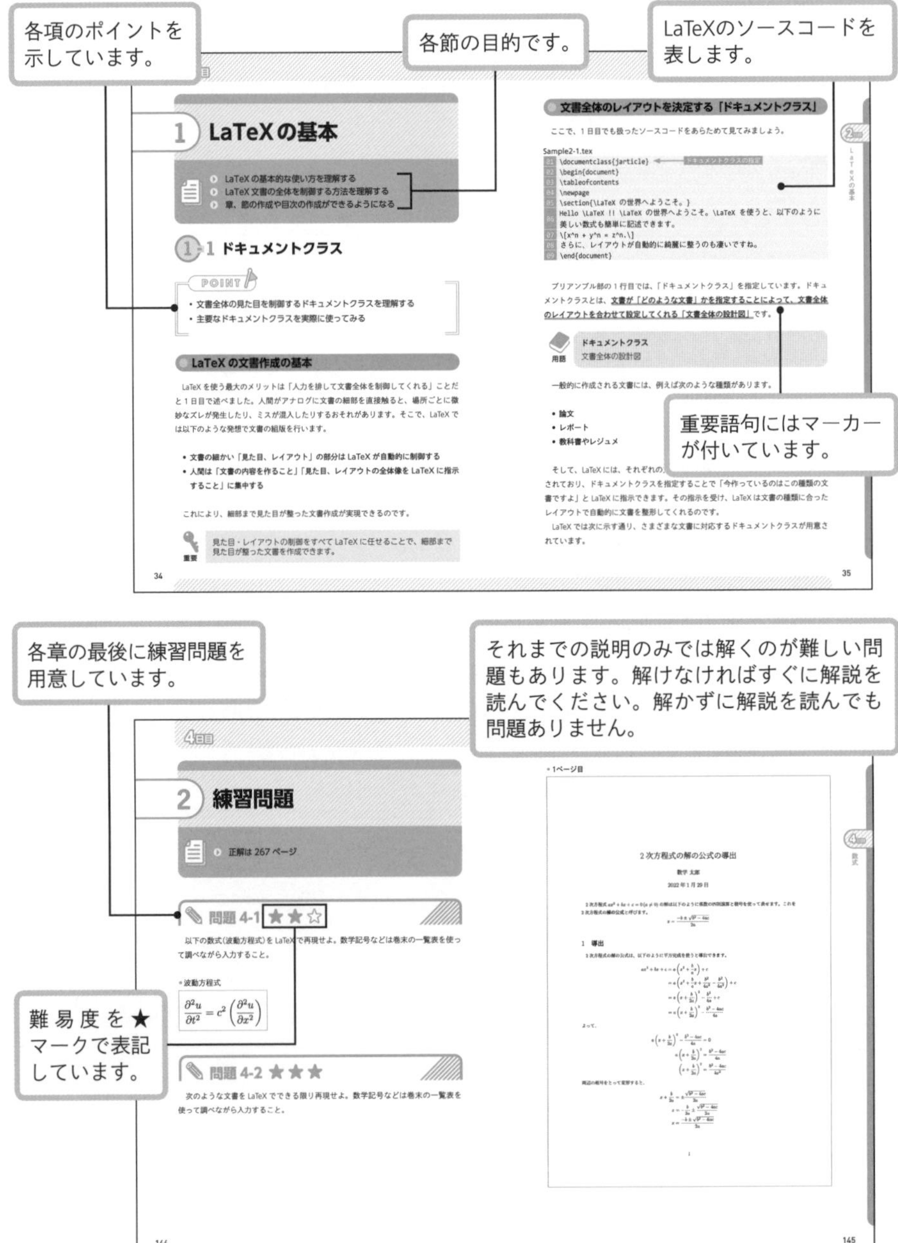
各項のポイントを示しています。
各節の目的です。
LaTeXのソースコードを表します。
重要語句にはマーカーが付いています。
各章の最後に練習問題を用意しています。
それまでの説明のみでは解くのが難しい問題もあります。解けなければすぐに解説を読んでください。解かずに解説を読んでも問題ありません。
難易度を★マークで表記しています。

目次

注意書き 2
学習を始める前に 3
本書の使い方 6
目次 7

1日目 はじめの一歩 9

1. LaTeX とは何か …… 10
LaTeX って何？ …… 10
LaTeX による文書作成の仕組み …… 12
2. Cloud LaTeX による環境構築 …… 14
LaTeX の環境構築 …… 14
3. はじめての LaTeX 文書作成 …… 19
はじめての LaTeX 文書 …… 19
ソースコードの全体像 …… 22
LaTeX の機能を体感する …… 25
4. 練習問題 …… 32

2日目 LaTeX の基本 33

1. LaTeX の基本 …… 34
ドキュメントクラス …… 34
見出し（部、章、節、小節） …… 43
目次 …… 50
2. 見出しの細かい制御 …… 52
深さレベル …… 52
タイトルと表紙 …… 60
3. 練習問題 …… 65

3日目 文字装飾／さまざまな環境 69

1. フォントサイズと文字装飾 …… 70
フォントサイズと書体 …… 70
2. 環境 …… 79
文書内の一定範囲を枠で囲む …… 79
文を箇条書きにする …… 86
文中の一定範囲の文字揃え …… 91
プログラムのソースコード …… 92
3. 練習問題 …… 100

4日目 数式 105

1. 数式 …… 106
数式をテキストで書く難しさ …… 106
数式環境 …… 108
数式を書く練習 …… 111
数式環境内で使う細かな命令 …… 130
2. 練習問題 …… 144

5日目 図の挿入 147

1. **図表の挿入** …… 148
PS と EPS の時代 …… 148
図の挿入（includegraphics） …… 149
図の挿入（figure 環境と includegraphics） …… 152
図の位置指定（h、t、b、p） …… 153
図のサイズ指定 …… 157
表の挿入 …… 160
2. **キャプションとラベル、相互参照** …… 172
キャプションとラベル …… 172
相互参照 …… 179
3. **練習問題** …… 186

6日目 スライドの作成 189

1. **Beamer によるスライド作成** …… 190
Beamer でスライドを作成するメリット …… 190
はじめてのスライド …… 193
スライドの作り方 …… 201
2. **練習問題** …… 222

7日目 覚えておきたい知識 223

1. **覚えておきたいさまざまな知識** …… 224
ページレイアウト …… 224
索引 …… 235
参考文献 …… 238
マクロ（ユーザ定義コマンド） …… 242
図の作成 …… 248
自作スタイルファイル …… 250
LaTeX の便利機能 …… 254
2. **練習問題** …… 258

練習問題の解答 259
あとがき 282
索引 284
著者プロフィール 287

1日目

はじめの一歩

1. LaTeX とは何か
2. Cloud LaTeX による環境構築
3. はじめての LaTeX 文書作成
4. 練習問題

1 LaTeXとは何か

- LaTeXとは何かを理解する
- LaTeXで文書作成を行う仕組みを理解する
- LaTeXを使って作れるものを知る

1-1 LaTeXって何？

- LaTeXとは何かを理解する
- LaTeXの歴史を学ぶ

LaTeX

LaTeXを使いこなすためには、まずLaTeXとは何かを知っておく必要があります。これを知ることで、LaTeXを学ぶモチベーション、そしてLaTeXを使うことのメリットが見えてきます。

LaTeXは、レスリー・ランポートによって開発された**文書組版（くみはん）システム**です。組版とは、文書のレイアウトや文字装飾、図の配置などを行って文書を作ることを指し、LaTeXはそれを上手に行ってくれるシステムのことだと理解しておけばいいでしょう。

ところで、「LaTeX」は一般的に日本ではラテック、またはラテフと呼ばれることが多いです。ラテックスとは通常呼びません[※1]。

LaTeXは**数式を含む文書の組版に非常に強い**ことで知られています。高専や大学な

※1 開発者であるレスリー・ランポートは、LaTeXの読み方について、自著『文書処理システムLaTeX』の中で、次のように言及しています。"通常、TeXが「テック」と発音されているので、論理的に考えれば「ラーテック」や「ラテック」、「レイテック」などが妥当なところかもしれない。しかし、言葉というものはつねに論理的とはかぎらないので、「レイテックス」でもかまわない。"

どでは特に、科学技術系の文書（論文や資料、教材など）を作成する際に LaTeX が広く使われています。

TeX と LaTeX

ところで、LaTeX と同じくらいよく聞く言葉に TeX（テック/テフ）があります。「TeX」と「LaTeX」を混同して使っている人や、「TeX」は「LaTeX」の略称だと思っている人も多いですが、この 2 つの言葉の意味は明確に異なります。

◉ LaTeXはTeXの改良版

TeX とは、ドナルド･E･クヌースにより 1978 年に開発された文書組版システム（処理系と呼びます）と、それを扱うための言語のことを指します。しかし、TeX はそのままでは使いづらく、**TeX で書くと非常に大変な命令を、より簡易にかつ幅広く利用できるようにさまざまな命令（マクロ）などを付け加えて、より使いやすくしたのが LaTeX** だといっていいでしょう。本当はもう少し厳密な説明が存在しますが、ひとまずこのくらいの認識で問題ありません。

重要

TeX と LaTeX は全く別物であり、TeX を使いやすく改良したシステムの代表格が LaTeX です。

◉ いろいろな「TeXの改良版」が存在する

TeX を使いやすく改良したシステムの代表格が LaTeX ですが、さらに LaTeX から派生した、日本語を扱う場合に用いる pLaTeX や upLaTeX、PDF ファイルを直接生成できる PDFLaTeX、XeLaTeX など、さまざまな「LaTeX」が存在します。

しかし、実際に LaTeX を用いる際には、これらのことを特段気にせずとも自由に文書を作成できるため、この話題は「なんとなく」頭の中で認識しておくくらいで十分でしょう。

1-2 LaTeX による文書作成の仕組み

POINT

- LaTeX による文書作成の流れと仕組みを理解する
- LaTeX のソースコードと、作成した文書を見る

LaTeX による文書作成の流れ

これから LaTeX による文書作成を学ぶ上で、「どのような流れを踏んで LaTeX で文書を作成するのか」を知っておく必要があります。Microsoft Word では画面上でキーボードやマウスを使って「直接」文書を完成させますが、LaTeX では専用の言語による**「ソースコード」によって文書の構成を記述**します。

• LaTeXによる文書作成の流れ

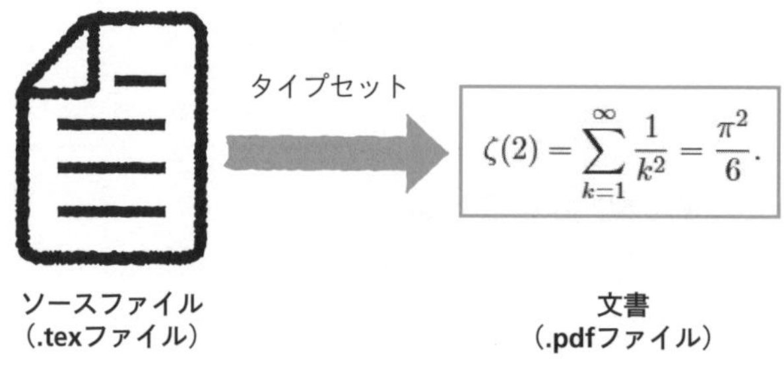

以下に LaTeX のソースコードの例を示します。

• LaTeXのソースコードの例（Sample1-1.tex）

```
\documentclass{jarticle}
\begin{document}
こんにちは！以下の式はリーマンのゼータ関数の$s=2$における値です。
\[\zeta(2) = \sum_{k=1}^{\infty} \frac{1}{k^2} = \frac{\pi^2}{6}.\]
\end{document}
```

そして、このソースコードを完成品の文書に変換します。この変換のことをタイプセットと呼びます。

用語

タイプセット
LaTeX のソースコードを文書に変換すること

実際にこのソースコードをタイプセットしてできる文書は次の通りです。

● **タイプセットしてできる文書**

こんにちは！以下の式はリーマンのゼータ関数の $s = 2$ における値です。

$$\zeta(2) = \sum_{k=1}^{\infty} \frac{1}{k^2} = \frac{\pi^2}{6}.$$

2 Cloud LaTeXによる環境構築

- LaTeX の環境構築を取り巻く現状を理解する
- Cloud LaTeX による環境構築を行う

2-1 LaTeX の環境構築

- LaTeX の環境構築を取り巻く現状を理解する
- Cloud LaTeX を利用する

LaTeX の環境構築を取り巻く現状

一昔前までは、LaTeX で文書作成を行う環境はパソコンの中に構築するのが一般的でした。

その手順はとても複雑で、さまざまな方が環境をオールインワンで構築するためのパッケージを提供してくれていたものの、それを使っても環境構築に試行錯誤しながら、丸一日かけて環境を構築するなんてこともざらにあったのです。筆者も学生時代に LaTeX を使ったときには、随分と苦労したものです。

しかし、現在はクラウド上にすでに構築された環境をブラウザから利用できるプラットフォームがいくつも登場し、格段に利用しやすくなりました。今となっては誰もが簡単なユーザ登録だけで、すぐに LaTeX を利用できます。

本書では、クラウド上の環境の代表格である Cloud LaTeX を利用し、LaTeX による文書作成を学びます。ちなみに、現在は大学の研究室などでも、Cloud LaTeX は一般的に使われています。

Cloud LaTeX を利用する

ここからは、実際に Cloud LaTeX を利用してみましょう。

Cloud LaTeXにアクセスする

まずは、Cloud LaTeX（https://cloudlatex.io/ja）にアクセスします。Google などの検索エンジンで「Cloud LaTeX」と検索してアクセスしてもかまいません。はじめて Cloud LaTeX を利用する人は、新規登録をしましょう。無料で利用できます。

• Cloud LaTeXのトップページ

Cloud LaTeXの新規登録

登録画面が表示されたら、必要事項を入力します。ここでは新規でアカウントを作成しますが、Facebook、Twitter、Google のアカウントで登録することもできます。

• Cloud LaTeXの新規登録①

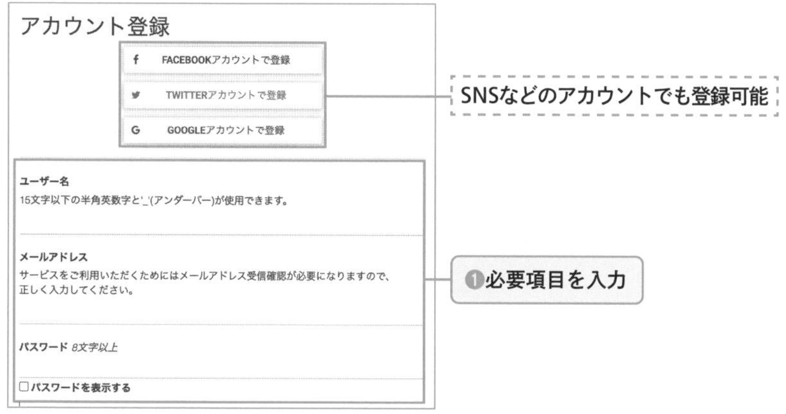

- Cloud LaTeXの新規登録②

就学状況

年生

卒業・修了見込年月

自分に最も近い専門分野

□利用規約とプライバシーポリシーに同意する

私はロボットではありません

reCAPTCHA
プライバシー・利用規約

登録する

❷［利用規約とプライバシーポリシーに同意する］にチェックマークを付ける

❸［私はロボットではありません］にチェックマークを付ける

❹［登録する］をクリック

◎マイページからプロジェクトを作成する

ユーザ登録の手順を終えたら、マイページが表示されます。今後はLaTeXを利用するたびにマイページにアクセスすることになります。

- マイページ

これから、はじめての LaTeX 文書を作成するために、**プロジェクト**を作成します。Cloud LaTeX では、文書 1 つにつきプロジェクトが 1 つ対応します。［新規プロジェクト］をクリックするとプロジェクト作成画面が表示されるため、プロジェクト名と説明を入力します。説明は省略可能です。また、Cloud LaTeX には文書作成を楽にする「テンプレート」がいくつも用意されていますが、今回は練習のためにテンプレートは利用せず、［空のプロジェクト］を選択して 1 からプロジェクトを作成しましょう。プロジェクト名はここでは「test_project」としました。

● プロジェクト作成画面

以下のようにマイページに新規プロジェクトが作成されます。作成されたプロジェクトの名前をクリックしましょう。

● マイページに作成された新規プロジェクト

左側に表示されている「main.tex」は、これから編集するソースコードのファイルです。ソースコードのファイルを以降は**ソースファイル**と呼びます。

「main.tex」をクリックすると、以下のような文書作成画面が表示されます。各部の役割は次の通りです。

● LaTeX文書作成画面の各部の役割

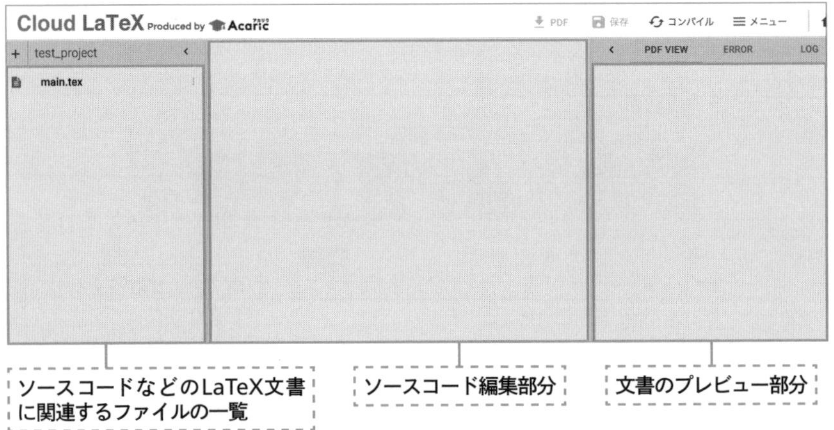

左側のファイルの一覧には、現段階ではソースファイルが1つしかありません。今後、文書作成を進めていく中で、図表ファイルやスタイルファイルなど、さまざまなファイルがここに増えていきます。

さて、これでLaTeXの環境構築は完了です。驚くほど簡単でしたね。これでもう、LaTeXの文書作成を始めることができるのです。次回以降は、Cloud LaTeXにログインする→既存のプロジェクトを開く（または新たなプロジェクトを作成する）→ソースファイルを書くという流れで文書を作成します。

こんなにも楽にLaTeXの環境を構築できるのは、とても素晴らしいことです。もちろん、自力で必死になってパソコンの中に環境を構築することで得られるメリットもありますが、正直なところ、今はどこからでもインターネットに接続できますし、Cloud LaTeXの機能で「足りない」ことに出会うかというと、少なくとも基本的な文書作成を行う中ではそのような機会はほとんどないといっていいでしょう。

3 はじめての LaTeX文書作成

- LaTeX を使って簡単な文書を作成する
- LaTeX のソースコードの各部の名称を理解する

3-1 はじめての LaTeX 文書

POINT

- ソースコードを写経する
- 完成品の文書を出力する

ソースコードを写経する

環境も整ったところで、いよいよ LaTeX を使って文書を作成してみましょう。とはいっても、まだ文書作成の細かい部分を何も解説していないため、まずは「ソースコードをそのまま写経（丸写し）して、ちゃんとした体裁の文書が完成する」というプロセスを追いかけてみることにします。そして、その後に LaTeX のソースコードの各部名称を解説します。

P.12 で説明した通り、LaTeX は「ソースコード」→「タイプセット」→「文書」という流れで文書作成を行うため、これから主に「ソースコードの書き方」を学んでいくことになります。

では、次に示すソースコードを Cloud LaTeX の main.tex の中に「一言一句違わずに丸写し」してソースコードを書く感覚をつかんでみてください。とにかく「そのまま」書き写すことが重要です。

半角、全角、大文字、小文字も明確に区別します。スペルミスに注意しましょう。

Sample1-1（main.tex）

```
\documentclass{jarticle}
\title{はじめての\LaTeX 文書}
\author{Shinji Akematsu}
\date{\today}
\begin{document}
\maketitle
\section{\LaTeX の世界へようこそ。}
Hello \LaTeX !! \LaTeX の世界へようこそ。\LaTeX を使うと、以下のように美しい数式も簡単に記述できます。
\[x^n + y^n = z^n.\]
さらに、レイアウトが自動的に綺麗に整うのも凄いですね。
\end{document}
```

• main.texの中にソースコードを丸写ししたもの

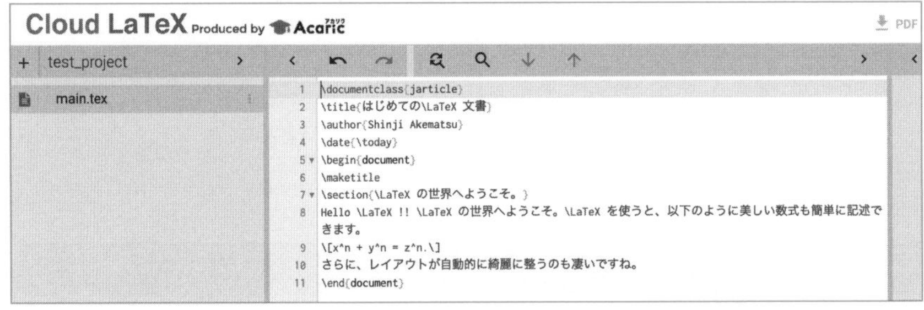

ソースコードには自動的に色付けが行われ、どこに何が書かれているかを判別しやすくなっています。この機能を**ハイライト**と呼びます。

ソースコードを文書に変換する

さて、ソースコードを書き写し終えたら、これを完成品の文書に変換してみましょう。Cloud LaTeX の画面右上の［コンパイル］※2 をクリックすると、画面の右側に文書のプレビューが表示されます。

※2 コンパイルは「タイプセット」のことです。タイプセットのことをコンパイルと呼ぶ人も多いですが、厳密にはLaTeX ではコンパイルではなくタイプセットと呼ぶのが正しいようです。

● 完成文書のプレビュー表示

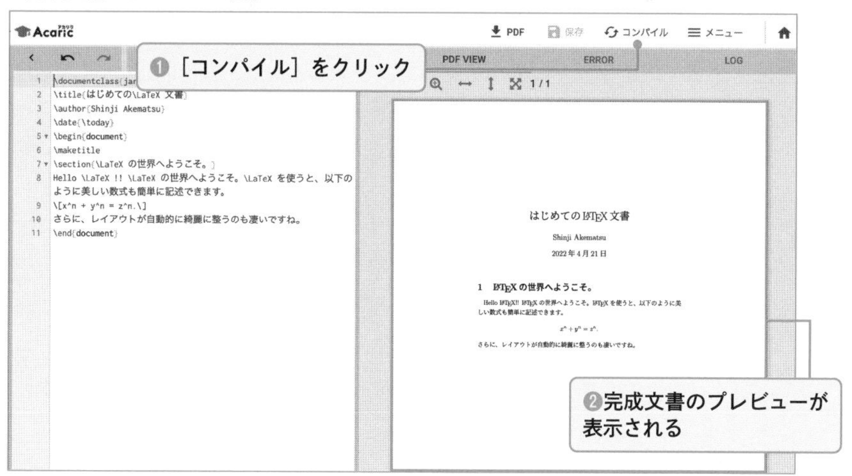

ソースコードが完成品の文書に変換されました。綺麗なレイアウトで表示されており、さらに数式も非常に綺麗に表示されていることがわかるでしょう。もし、文書が表示されなかったり、次のようにエラーが表示されたりする場合は、ソースコードに間違いがあります。入力したソースコードを確認しましょう。

● エラーの表示例

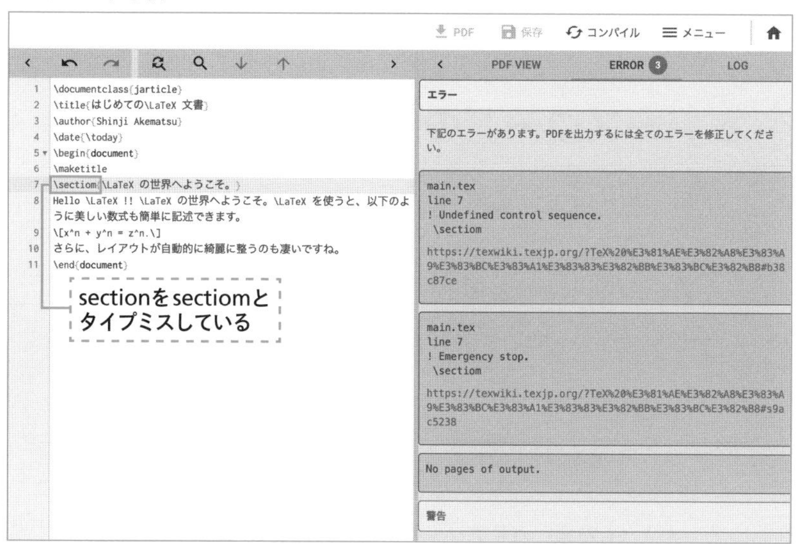

文書を PDF ファイルとしてダウンロードする

完成した文書を PDF ファイルとしてダウンロードするには、画面右上の［PDF］をクリックします。ブラウザ上で文書が PDF ファイルとして開き、画面右上の［ダウンロード］アイコンをクリックするとファイルをダウンロードできます。

• PDFファイルのダウンロード

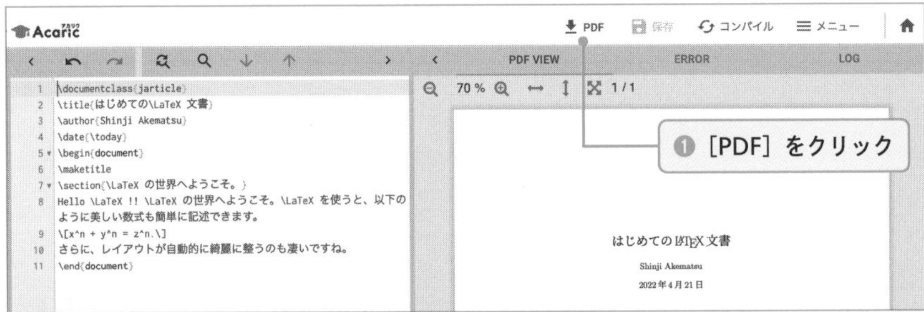

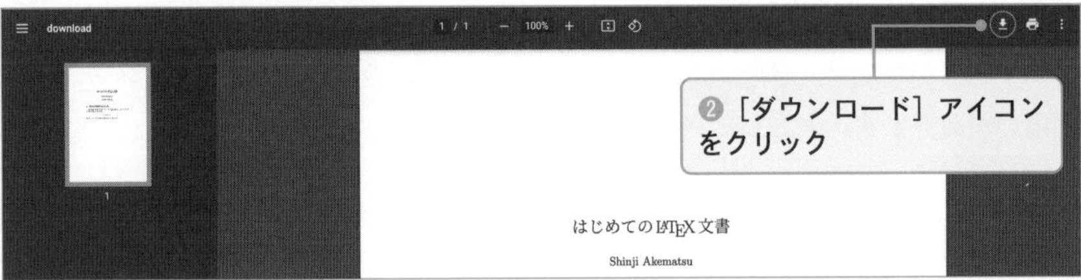

3-2 ソースコードの全体像

- ソースコードの各部の役割を理解する
- ソースコードを少し変更して遊ぶ

ソースコードの各部名称

これからソースコードの書き方を学ぶにあたり、まずはソースコードの各部がどのように呼ばれ、どのような役割を担っているのかを理解する必要があります。解説のために、あらためて先ほどのソースコードを掲載します。

Sample1-2（main.tex）

```
\documentclass{jarticle}
\title{はじめての\LaTeX 文書}
\author{Shinji Akematsu}
\date{\today}
\begin{document}
\maketitle
\section{\LaTeX の世界へようこそ。}
Hello \LaTeX !! \LaTeX の世界へようこそ。\LaTeX を使うと、以下のように美しい数式も簡単に記述できます。
\[x^n + y^n = z^n.\]
さらに、レイアウトが自動的に綺麗に整うのも凄いですね。
\end{document}
```

ソースコードをただ眺めるだけだと意味のわからない文字の羅列にしか見えませんが、このソースコードは次のような構造になっています。

● ソースコードの構造

```
\documentclass{jarticle}
\title{はじめての\LaTeX 文書}
\author{Shinji Akematsu}
\date{\today}
\begin{document}
\maketitle
\section{\LaTeX の世界へようこそ。}
Hello \LaTeX !! \LaTeX の世界へようこそ。\LaTeX を使うと、以下のように
美しい数式も簡単に記述できます。
\[x^n + y^n = z^n.\]
さらに、レイアウトが自動的に綺麗に整うのも凄いですね。
\end{document}
```

プリアンブル部

本文

◎ プリアンブル部

\begin{document} よりも前の部分をまとめて**プリアンブル部**と呼びます。プリアンブル部には、次のような情報を記載します（詳細な使い方は後ほど解説します）。

- **ドキュメントクラス（文書全体のレイアウトの指定）**
- **読み込むパッケージ**
- **文書のレイアウトの基本情報**
- **文書のタイトル、著者、日付などの情報**

プリアンブル部
\documentclass から \begin{document} の前まで

先ほどのソースコードでは、以下のようにプリアンブル部を構成しています。

● **プリアンブル部の構成**

```
\documentclass{jarticle}        ← ドキュメントクラス
\title{はじめての\LaTeX 文書}    ← 文書のタイトル
\author{Shinji Akematsu}        ← 著者名
\date{\today}                   ← 日付（自動で今日の日付が入る）
\begin{document}
```

「文書全体のレイアウトを変更したい」「さまざまな機能を使いたい」「文書のタイトルや著者などを設定したい」といった場合は、プリアンブル部を編集します。

◉ 本文（document環境）

\begin{document} と \end{document} に囲まれた部分には、文書の本文を記載します。LaTeX 文書作成において最も重要な部分です。これから本書では、主にこの本文を作るためのさまざまな命令や環境などを学びます。

本文も、どのような構成になっているかを軽く見ておきましょう。

● **本文の構成**

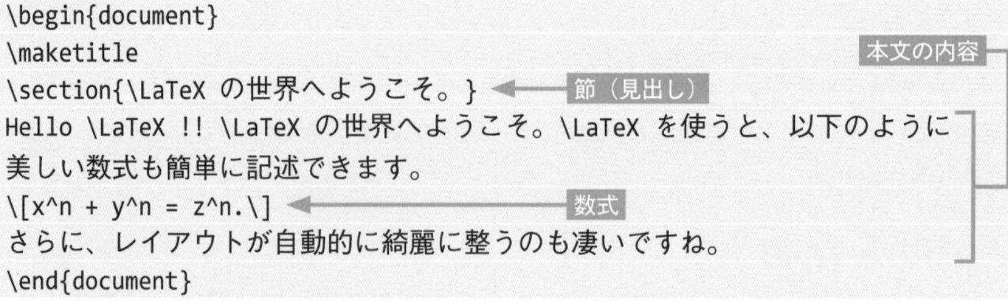

```
\begin{document}
\maketitle
\section{\LaTeX の世界へようこそ。}
Hello \LaTeX !! \LaTeX の世界へようこそ。\LaTeX を使うと、以下のように
美しい数式も簡単に記述できます。
\[x^n + y^n = z^n.\]
さらに、レイアウトが自動的に綺麗に整うのも凄いですね。
\end{document}
```


\section という専用の命令を使うと、本文中に見出しを挿入できます。この例では \section によって節という見出しを作っていますが、他にもさまざまな種類の見出しを生成する専用の命令（\subsection 、\paragraph など）が用意されているため、自在に見出しを作成できます（詳細は P.43 参照）。

また、その下の部分では、実際に挿入する本文の内容を記載しています。LaTeX では非常にスタイリッシュな数式をこのように簡単に挿入できます。

3-3 LaTeX の機能を体感する

- 細かいことは気にせずに、LaTeX の機能を体感する
- プリアンブル部を変えるだけで文書全体のレイアウトが操れることを体感する

この段階でも「LaTeX って凄いな」「おもしろいな」と思われた方もいらっしゃるかもしれませんが、LaTeX の威力というのは、むしろここから先で発揮されることを知っておくべきでしょう。ここでは、細かい知識はいったん置いておいて、文書全体のレイアウトを簡単に変えながら、LaTeX でできることを体感してみましょう。

表紙ページの作成

先ほど作成した LaTeX 文書では、ページ上部にタイトル、著者、日付が記載されていました。この部分を**タイトル部**といいます。

● ページ上部のタイトル部

タイトル部は、本文の最初の1行に記載されている\maketitleにより自動生成されます。さらに、例えば大学のレポートなどでは、タイトル、著者、日付を表紙として独立させたい場合も多いでしょう。Wordでそれを行うには、表紙のページを新たに作り、タイトル、著者、日付をそのページの中央に配置し……という面倒な手順が必要ですが、LaTeXでは、以下のようにプリアンブル部の1行目に[titlepage]を挟み込むだけで実現できます。

Sample1-3（main.tex）

```
\documentclass[titlepage]{jarticle}
\title{はじめての\LaTeX 文書}
\author{Shinji Akematsu}
\date{\today}
\begin{document}
\maketitle
\section{\LaTeX の世界へようこそ。}
Hello \LaTeX !! \LaTeX の世界へようこそ。\LaTeX を使うと、以下のように美しい数式も簡単に記述できます。
\[x^n + y^n = z^n.\]
さらに、レイアウトが自動的に綺麗に整うのも凄いですね。
\end{document}
```

[titlepage]を追加

[コンパイル]をクリックしてPDFプレビューを見てみると、表紙が自動で生成され、タイトル・名前・日付が配置されていることがわかります。

● 表紙が自動生成される

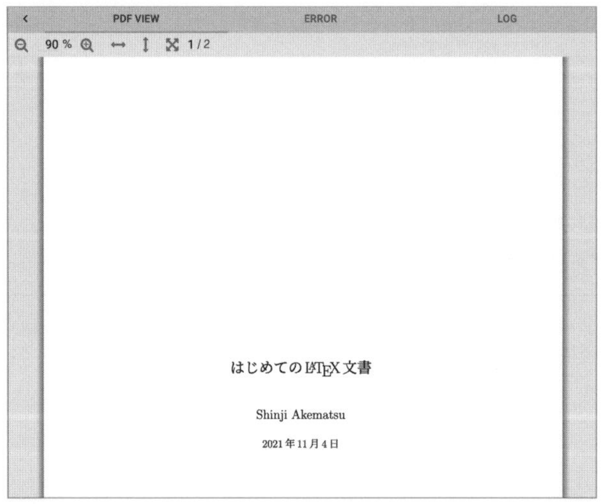

目次の生成

LaTeX を使えば、目次も簡単に生成できます。方法は本文の最初（\maketitle の次の行）に以下のように 2 行追加するだけです。

Sample1-4（main.tex）

```
\documentclass[titlepage]{jarticle}
\title{はじめての\LaTeX 文書}
\author{Shinji Akematsu}
\date{\today}
\begin{document}
\maketitle
\tableofcontents
\newpage
\section{\LaTeX の世界へようこそ。}
Hello \LaTeX !! \LaTeX の世界へようこそ。\LaTeX を使うと、以下のように美しい数式も簡単に記述できます。
\[x^n + y^n = z^n.\]
さらに、レイアウトが自動的に綺麗に整うのも凄いですね。
\end{document}
```

\tableofcontentsを追加

\newpageを追加

\tableofcontents が目次の生成、\newpage が改ページの命令です。[コンパイル] をクリックして文書を生成すると、以下のように 2 ページ目に目次が生成されます。文書を編集すると自動的に目次が更新されるので、目次ページの作成に労力を使う必要がないことも LaTeX の大きな強みです。

● 目次が自動生成される

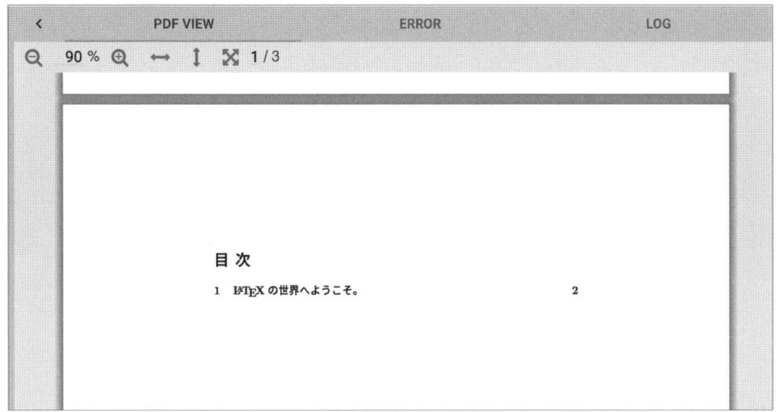

ドキュメントクラスの変更

2日目で詳しく触れますが、プリアンブル部の最初の1行で文書全体のレイアウトを指定する**ドキュメントクラス**という文を指定します。この文書では、**jarticle**というドキュメントクラスを使っています。jarticleは、日本語（japanese）の論文（article）という意味です。

ドキュメントクラスにはさまざまな種類がありますが、ドキュメントクラスを変更するだけで、文書全体のレイアウトを大きく変えることができます。例えば、最近よく使われ、本書でも使用する**jsarticle**というドキュメントクラスを使うには、プリアンブル部1行目を以下のようにjarticleからjsarticleに書き換えます。

Sample1-5（main.tex）

```
\documentclass[titlepage]{jsarticle}   ← jsarticleに変更
\title{はじめての\LaTeX 文書}
\author{Shinji Akematsu}
\date{\today}
\begin{document}
\maketitle
\tableofcontents
\newpage
\section{\LaTeX の世界へようこそ。}
Hello \LaTeX !! \LaTeX の世界へようこそ。\LaTeX を使うと、以下のように美しい数式も簡単に記述できます。
\[x^n + y^n = z^n.\]
さらに、レイアウトが自動的に綺麗に整うのも凄いですね。
\end{document}
```

文書をプレビューすると、余白が狭くなり書体なども変わります。

- **ドキュメントクラスをjsarticleに変更**

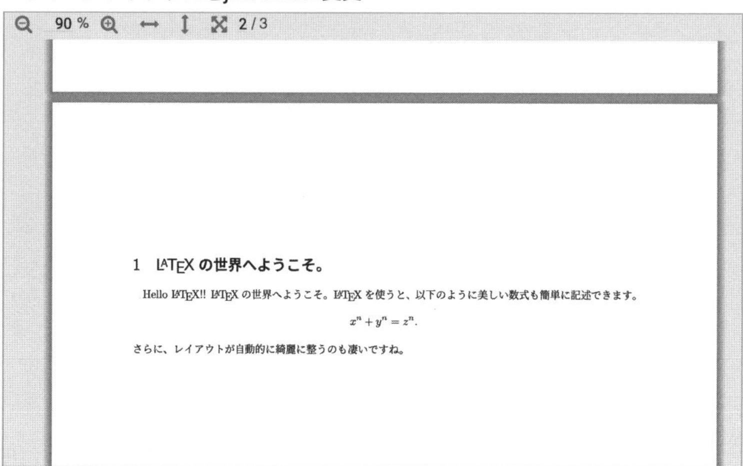

さらに、以下のようにドキュメントクラスを jsbook に変更し、section を chapter に書き換えてみると、変化の大きさに驚くはずです（Sample1-5 の 1 行目にある [titlepage] は削除しています）。

Sample1-6（main.tex）

```
\documentclass{jsbook}   ← jsbookに変更
\title{はじめての\LaTeX 文書}
\author{Shinji Akematsu}
\date{\today}
\begin{document}
\maketitle
\tableofcontents
\newpage
\chapter{\LaTeX の世界へようこそ。}   ← chapterに変更
Hello \LaTeX !! \LaTeX の世界へようこそ。\LaTeX を使うと、以下のように美しい数式も簡単に記述できます。
\[x^n + y^n = z^n.\]
さらに、レイアウトが自動的に綺麗に整うのも凄いですね。
\end{document}
```

文書をプレビューすると、文書全体が教科書のように表示されます。文書の左右に大きめの余白ができているのは、実際に印刷して製本する際に必要となるであろう余白が自動的に追加されているためです。不要な場合は、調整で余白をなくすこともできます。

- ドキュメントクラスをjsbookに変更

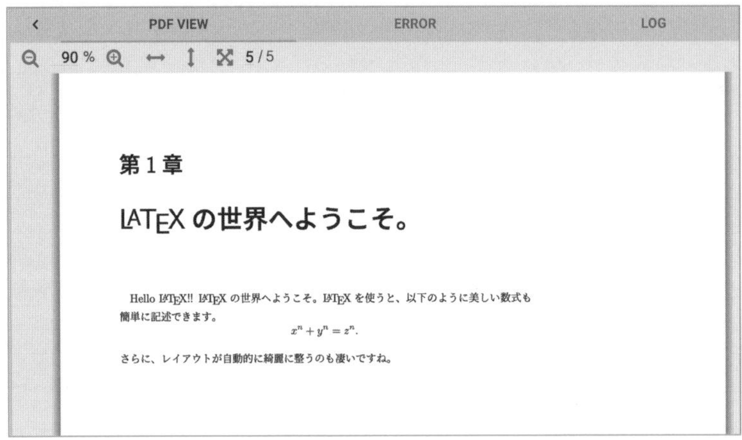

LaTeX の「文書全体を LaTeX が自動的に制御してくれる」便利さが伝わったでしょうか。もちろん、ここで触れた機能はまだまだ一部ですし、LaTeX の世界には数多くの素晴らしい機能が備わっています。

あえて「人力」を排除するのが LaTeX の強み

LaTeX は、文書全体を「ある程度自動的に制御」してくれます。ここまでの例でいうと目次の作成などがわかりやすいでしょう。

ここで、目次作成を「人力」で、すなわち「手入力」で行った場合に何が起こるかを考えてみましょう。まず、手入力で目次作成をするには大変な手間がかかります。LaTeX を使うとこれが解消できるのはもちろん、実はメリットはそれだけではありません。

例えば、文書作成中に、ある節とある節の間に新しい節を加えることになったとします。

- 節の間に新しい節を追加したい

1. おはよう世界
2. おやすみ世界

←「こんにちは世界」を追加したい

すると、後ろの節番号がずれます。

- 後ろの節番号がずれる

1. おはよう世界
2. おやすみ世界

1. おはよう世界
2. こんにちは世界
3. おやすみ世界

そして、目次を手入力で作成している限り、目次の節番号は手入力で 1 つずつ訂正しなければなりません。これは大変な手間であり、さらに、人間の作業なのでミスをするリスクもあります。

LaTeX の「自動的に番号を振り、目次作成をしてくれる」機能にすべて任せれば、この問題は解決します。そして LaTeX を使って文書作成をする際には、**「このような作業は LaTeX にすべて任せる」**ことを必ず守る必要があります。すなわち、人間が手入力で章や節の番号を振る、図の番号を振る、ページ番号を振る（**手動採番**といいます）などは一切せず、すべて LaTeX に任せるのです。これにより、文書を作成する際、次のようなメリットを享受できます。

- **面倒な番号振りから解放される**
- **番号振りのミスの可能性から解放される**
- **目次など、すべて LaTeX が正確に自動生成してくれる**

4 練習問題

正解は 260 ページ

問題 1-1 ★☆☆

「LaTeX とは何か」を簡単に説明しなさい。また、TeX と LaTeX との違いを簡単に説明しなさい。

問題 1-2 ★☆☆

ソースコードを実際の文書の形に変換することを何というか。

問題 1-3 ★★☆

以下のソースコードには、明らかに修正すべき箇所が 1 箇所含まれている。その点を指摘し、ソースコードを修正しなさい。

● Sample1-7（main.tex）

```
\documentclass{jsbook}
\title{はじめての\LaTeX 文書}
\author{Shinji Akematsu}
\date{\today}
\begin{document}
\maketitle
第1章　\LaTeX の世界へようこそ。

Hello \LaTeX !! \LaTeX の世界へようこそ。\LaTeX を使うと、以下のように美しい数式も簡単に記述できます。
\[x^n + y^n = z^n.\]
さらに、レイアウトが自動的に綺麗に整うのも凄いですね。
\end{document}
```

2日目

LaTeX の基本

❶ LaTeX の基本
❷ 見出しの細かい制御
❸ 練習問題

1 LaTeXの基本

- LaTeX の基本的な使い方を理解する
- LaTeX 文書の全体を制御する方法を理解する
- 章、節の作成や目次の作成ができるようになる

1-1 ドキュメントクラス

- 文書全体の見た目を制御するドキュメントクラスを理解する
- 主要なドキュメントクラスを実際に使ってみる

LaTeX の文書作成の基本

LaTeX を使う最大のメリットは「人力を排して文書全体を制御してくれる」ことだと 1 日目で述べました。人間がアナログに文書の細部を直接触ると、場所ごとに微妙なズレが発生したり、ミスが混入したりするおそれがあります。そこで、LaTeX では以下のような発想で文書の組版を行います。

- **文書の細かい「見た目、レイアウト」の部分は LaTeX が自動的に制御する**
- **人間は「文書の内容を作ること」「見た目、レイアウトの全体像を LaTeX に指示すること」に集中する**

これにより、細部まで見た目が整った文書作成が実現できるのです。

重要

見た目・レイアウトの制御をすべて LaTeX に任せることで、細部まで見た目が整った文書を作成できます。

文書全体のレイアウトを決定する「ドキュメントクラス」

ここで、１日目でも扱ったソースコードをあらためて見てみましょう。

Sample2-1.tex

```
01 \documentclass{jarticle}  ← ドキュメントクラスの指定
02 \begin{document}
03 \tableofcontents
04 \newpage
05 \section{\LaTeX の世界へようこそ。}
06 Hello \LaTeX !! \LaTeX の世界へようこそ。\LaTeX を使うと、以下のように美しい数式も簡単に記述できます。
07 \[x^n + y^n = z^n.\]
08 さらに、レイアウトが自動的に綺麗に整うのも凄いですね。
09 \end{document}
```

プリアンブル部の１行目では、「ドキュメントクラス」を指定しています。ドキュメントクラスとは、**文書が「どのような文書」かを指定することによって、文書全体のレイアウトを合わせて設定してくれる「文書全体の設計図」**です。

ドキュメントクラス
文書全体の設計図

一般的に作成される文書には、例えば次のような種類があります。

- **論文**
- **レポート**
- **教科書やレジュメ**

そして、LaTeX には、それぞれの文書の種類に対応するドキュメントクラスが用意されており、ドキュメントクラスを指定することで「今作っているのはこの種類の文書ですよ」と LaTeX に指示できます。その指示を受け、LaTeX は文書の種類に合ったレイアウトで自動的に文書を整形してくれるのです。

LaTeX では次に示す通り、さまざまな文書に対応するドキュメントクラスが用意されています。

• さまざまな文書に対応するドキュメントクラス

文書の種類	ドキュメントクラス
論文	jarticle、jsarticleなど
レポート	jreport、jsreportなど
教科書やレジュメ	jbook、jsarticleなど

それでは、それぞれのドキュメントクラスを文書に適用し、見た目の変化を体感してみましょう。

◎ jclassesとjsclasses

LaTeX では、多種多様なドキュメントクラスが用意されていますが、もっぱら用いることになるのは大きく以下の 2 種類になるでしょう。

- **j から始まるドキュメントクラス（jclasses）**
- **js から始まるドキュメントクラス（jsclasses）**

どちらも「j」から始まる名前のドキュメントクラスで、「j」は「japanese」です。つまり、これらは**日本語文書**に対応して作られたドキュメントクラスなのです。

2 つのうち、古くから用いられていたのは **jclasses** です。しかし、jclasses は余白やフォントなどが微妙な設定※1 になっていることが多いため、改良版として **jsclasses** が開発されました。

簡単な文書の作成に用いるドキュメントクラス

数ページ程度の軽い文書を書く際によく用いられるドキュメントクラスに、**jarticle** と **jsarticle** があります。おそらく LaTeX で最もよく使われているドキュメントクラスです。

◎ jarticle

P.35 で示したソースコード（Sample2-1.tex）でも、1 行目を見るとわかるように、ドキュメントクラスに jarticle を用いています。

※ 1 余白のサイズやフォントサイズなど、やや日本人好みではない設定が残っているところがあります。js 系のドキュメントクラスでは、より日本人好みにカスタマイズされているので、そのまま使っても問題ありません。

Sample2-1.tex

```
\documentclass{jarticle} ← jarticle
\begin{document}
\tableofcontents
\newpage
\section{\LaTeX の世界へようこそ。}
Hello \LaTeX !! \LaTeX の世界へようこそ。\LaTeX を使うと、以下のように美しい数式も簡単に記述できます。
\[x^n + y^n = z^n.\]
さらに、レイアウトが自動的に綺麗に整うのも凄いですね。
\end{document}
```

Cloud LaTeX で［コンパイル］をクリックして文書をプレビューすると、以下のように体裁の整った文書が生成されることがわかります。

● jarticleにより整形された文書

1　LaTeX の世界へようこそ。

Hello LaTeX!! LaTeX の世界へようこそ。LaTeX を使うと、以下のように美しい数式も簡単に記述できます。

$$x^n + y^n = z^n.$$

さらに、レイアウトが自動的に綺麗に整うのも凄いですね。

しかし、この文書を見てまず気づくであろうことは、余白がやや広すぎることでしょう。これは jarticle のそもそもの設定なので仕方がないことですが、「余白をもう少し狭めたい」と感じる方も多いのではないでしょうか。

◎ jsarticle

余白を狭めたいときは、プリアンブル部に余白に関する設定を追加することもできますが、jsarticle を用いるのが簡単です。以下のように、ドキュメントクラスを jsarticle に変更してみましょう。

Sample2-2.tex

```
\documentclass{jsarticle}
\begin{document}
\tableofcontents
\newpage
\section{\LaTeX の世界へようこそ。}
Hello \LaTeX !! \LaTeX の世界へようこそ。\LaTeX を使うと、以下のように美しい数式も簡単に記述できます。
\[x^n + y^n = z^n.\]
さらに、レイアウトが自動的に綺麗に整うのも凄いですね。
\end{document}
```

jsarticleに変更

Cloud LaTeX でプレビューすると、以下のような見た目に変わります。

● jsarticleにより整形された文書

1　LaTeX の世界へようこそ。

Hello LaTeX!! LaTeX の世界へようこそ。LaTeX を使うと、以下のように美しい数式も簡単に記述できます。

$$x^n + y^n = z^n.$$

さらに、レイアウトが自動的に綺麗に整うのも凄いですね。

余白が調整されました。また、タイトルのフォントも変わっています。筆者は普段、jsarticle を使っています。余白やフォントの設定もデフォルトのままで問題なく、細かい設定をせずに簡単に文書を書き始めることができるからです。

長い文書の作成に用いるドキュメントクラス

比較的長い文書を書く際に用いられるドキュメントクラスに jreport、jsreport があります。名前には「report」と付いていますが、数ページ程度の短いレポートよりも、数十ページ程度の文書を作るのに向いているドキュメントクラスです。

◎ jreport

まずはjreportから見ていきます。以下のソースコードをCloud LaTeX上に再現し、［コンパイル］をクリックしてプレビューしましょう。

Sample2-3.tex

```
\documentclass{jreport}   ← jreport
\begin{document}
\chapter{\LaTeX の世界へようこそ}
Hello \LaTeX !! \LaTeX の世界へようこそ。
\section{\LaTeX でできること}
\LaTeX を使うと、以下のように美しい数式も簡単に記述できます。
\[x^n + y^n = z^n.\]
さらに、レイアウトが自動的に綺麗に整うのも凄いですね。
\end{document}
```

次のような文書がプレビューされます。

● jreportにより整形された文書

第1章　LaTeXの世界へようこそ

Hello LaTeX!! LaTeX の世界へようこそ。

1.1　LaTeX でできること

LaTeX を使うと、以下のように美しい数式も簡単に記述できます。

$$x^n + y^n = z^n.$$

さらに、レイアウトが自動的に綺麗に整うのも凄いですね。

美しく、かっこいいレイアウトに自動的に整形されましたね。また、jreport／jsreportでは、jarticle／jsarticleにはなかった「章」が扱えることも特筆すべき点です（章についてはP.46参照）。このような理由から、jreport、jsreportは大規模な文書を作成するのに向いているのです。

◉ jsreport

さて、このjreportも、やや余白が広すぎるところが気になりますね。そこで、jsreportに切り替えてみることにしましょう。

Sample2-4.tex

```
\documentclass{jsreport}   ← jsreportに変更
\begin{document}
\chapter{\LaTeX の世界へようこそ}
Hello \LaTeX !! \LaTeX の世界へようこそ。
\section{\LaTeX でできること}
\LaTeX を使うと、以下のように美しい数式も簡単に記述できます。
\[x^n + y^n = z^n.\]
さらに、レイアウトが自動的に綺麗に整うのも凄いですね。
\end{document}
```

文書をプレビューしましょう。余白が適切な広さになります。

● jsreportにより整形された文書

第1章

LaTeX の世界へようこそ

Hello LaTeX!! LaTeX の世界へようこそ。

1.1 LaTeX でできること

LaTeX を使うと、以下のように美しい数式も簡単に記述できます。

$$x^n + y^n = z^n.$$

さらに、レイアウトが自動的に綺麗に整うのも凄いですね。

書籍の作成に用いるドキュメントクラス

書籍を作成するためのドキュメントクラスに jbook、jsbook があります。自動的に教科書のような文書ができあがります。

◎ jbook

まずは jbook から見ていきます。以下のソースコードを Cloud LaTeX 上に再現し、[コンパイル] をクリックしてプレビューしましょう。

Sample2-5.tex

```
\documentclass{jbook}
\begin{document}
\chapter{\LaTeX の世界へようこそ}
Hello \LaTeX !! \LaTeX の世界へようこそ。
\section{\LaTeX でできること}
\LaTeX を使うと、以下のように美しい数式も簡単に記述できます。
\[x^n + y^n = z^n.\]
さらに、レイアウトが自動的に綺麗に整うのも凄いですね。
\end{document}
```

jbook

次のような文書がプレビューされます。

● jbookにより整形された文書

1

第1章　LaTeXの世界へようこそ

Hello LaTeX!! LaTeX の世界へようこそ。

1.1　LaTeX でできること

LaTeX を使うと、以下のように美しい数式も簡単に記述できます。

$$x^n + y^n = z^n.$$

さらに、レイアウトが自動的に綺麗に整うのも凄いですね。

一見しただけではjreportとの違いがわかりにくいですが、よく見るとページ番号が文書の右上に移動していることがわかります。jbookは複数ページの文書を作成すると書籍らしい体裁が際立ちます。これについては、後ほど詳しく説明します。

◎ jsbook

jbookも余白が気になるので、より洗練されているjsbookに切り替えてみます。

Sample2-6.tex

```
\documentclass{jsbook}
\begin{document}
\chapter{\LaTeX の世界へようこそ}
Hello \LaTeX !! \LaTeX の世界へようこそ。
\section{\LaTeX でできること}
\LaTeX を使うと、以下のように美しい数式も簡単に記述できます。
\[x^n + y^n = z^n.\]
さらに、レイアウトが自動的に綺麗に整うのも凄いですね。
\end{document}
```

jsbookに変更

以下のような文書がプレビューされます。

● jsbookにより整形された文書

1

第1章

LaTeXの世界へようこそ

Hello LaTeX!! LaTeX の世界へようこそ。

1.1 LaTeX でできること

LaTeX を使うと、以下のように美しい数式も簡単に記述できます。

$$x^n + y^n = z^n.$$

さらに、レイアウトが自動的に綺麗に整うのも凄いですね。

ページ番号がより右上に移動し、章タイトルのレイアウトも変わりました。より書籍らしく、紙面を有効活用した文書に変わりましたね。より細かいレイアウトは、プリアンブル部に詳細な命令を記述することで調整できます（ここでは省略します）。

筆者はさまざまな書籍、教材を作成する際に jsbook を用います。簡単な参考書くらいなら jsbook にレイアウトを任せれば短時間で作ることができ、とても便利です。大学の授業のレジュメや参考書などにも、このドキュメントクラスがよく使われています。

1-2 見出し（部、章、節、小節）

- 各ドキュメントクラスの見出しレベルを理解する
- 文書にさまざまな見出しを付ける

見出しの一元管理

LaTeX で文書を作成する際は、たいていどんな文書でも部、章、節などによって見出しを作成します。LaTeX に備わっている強力な見出しの管理機能をフル活用して、すべての見出しを一元管理します。

LaTeX において使用できる見出しの種類には、part（部）、chapter（章）、section（節）、subsection（小節）、paragraph（段落）、subparagraph（小段落）があります。そして、各ドキュメントクラスで、それぞれ使える見出しの種類、レイアウトが異なります。

◎ jarticle、jsarticleの見出しレベル

jarticle、jsarticle（article 系ドキュメントクラス）において使用できる見出しは以下の通りです。

● **article系ドキュメントクラスで使用できる見出し**

名前	意味
part	部
section	節
subsection	小節
subsubsection	小小節
paragraph	段落
subparagraph	小段落

見出しレベルには、次のような上下関係（階層）があります。

● **article系ドキュメントクラスの見出しレベルの上下関係**

part（部）
└section（節）
　└subsection（小節）
　　└subsubsection（小小節）
　　　└paragraph（段落）
　　　　└subparagraph（小段落）

では、jsarticle クラスで見出しを付けて文書を作成しましょう。Cloud LaTeX に以下のソースコードを入力し、［コンパイル］をクリックしてプレビューしてください。

Sample2-7.tex

```
\documentclass{jsarticle}
\begin{document}
\part{部タイトル}
部です。
\section{節タイトル}
節です。
\subsection{小節タイトル}
小節です。
\subsubsection{小小節タイトル}
小小節です。
\paragraph{段落タイトル}
段落です。
\subparagraph{小段落タイトル}
小段落です。
\end{document}
```

次のような文書がプレビューされます。

● 見出しのテスト（jsarticle）

第 I 部

部タイトル

部です。

1　節タイトル

節です。

1.1　小節タイトル

小節です。

1.1.1　小小節タイトル
小小節です。

■段落タイトル　段落です。
小段落タイトル　小段落です。

このように、自動的に綺麗な見出しを生成してくれます。筆者の経験上、article 系のドキュメントクラスで特によく使う見出しレベルは section や subsection で、ときどき subsubsection を使う程度です。

◎ jreport、jsreportの見出しレベル

jreport、jsreport（report 系ドキュメントクラス）において使用できる見出しは以下の通りです。

● report系ドキュメントクラスで使用できる見出し

名前	意味
part	部
chapter	章
section	節
subsection	小節
subsubsection	小小節
paragraph	段落
subparagraph	小段落

report 系のドキュメントクラスでは、article 系のドキュメントクラスには対応していない**章見出し（chapter）**が使用できます。各見出しレベルの上下関係は以下の通りです。

● report系ドキュメントクラスの見出しレベルの上下関係

```
part（部）
 └chapter（章）
    └ section（節）
       └ subsection（小節）
          └ subsubsection（小小節）
             └paragraph（段落）
                └subparagraph（小段落）
```

以下のソースコードを Cloud LaTeX に入力し、［コンパイル］をクリックして見出しを確認してみましょう。

Sample2-8.tex

```
\documentclass{jsreport}
\begin{document}
\part{部タイトル}
\chapter{章タイトル}
章です。
\section{節タイトル}
節です。
\subsection{小節タイトル}
小節です。
\subsubsection{小小節タイトル}
```

```
小小節です。
\paragraph{段落タイトル}
段落です。
\subparagraph{小段落タイトル}
小段落です。
\end{document}
```

以下のように、2 ページの文書がプレビューされます。

● 見出しのテスト（jsreport）

第 I 部

部タイトル

第 1 章

章タイトル

章です。

1.1　節タイトル

節です。

1.1.1　小節タイトル

小節です。

小小節タイトル

小小節です。

■段落タイトル　段落です。

小段落タイトル　小段落です。

このように、同じ見出しでも、ドキュメントクラスによってタイトルの付き方が大きく変わることがわかります。**文書の種類に合ったドキュメントクラスを選び、適切**

な見出しを付けながら文書を作成することが、LaTeX を使いこなすキモなのです。

◎ jbook、jsbookの見出しレベル

jbook、jsbook（book 系ドキュメントクラス）において使用できる見出しは以下の通りです。

• book系ドキュメントクラスで使用できる見出し

名前	意味
part	部
chapter	章
section	節
subsection	小節
subsubsection	小小節
paragraph	段落
subparagraph	小段落

これを見るとわかる通り、book 系ドキュメントクラスで使用できる見出しレベルは、report 系と全く同じであることがわかります。見出しの上下関係も report 系と全く同じです。

しかし、前述した通り、LaTeX では**見出しの付け方は同じでも、ドキュメントクラスによって大きくレイアウトが変わる**ため、report 系、book 系は用途によって使い分けるべきです。以下のソースコードを Cloud LaTeX に入力し、[コンパイル]をクリックしてプレビューしましょう。

Sample2-9.tex

```
\documentclass{jsbook}
\begin{document}
\part{部タイトル}
\chapter{章タイトル}
章です。
\section{節タイトル}
節です。
\subsection{小節タイトル}
小節です。
\subsubsection{小小節タイトル}
小小節です。
\paragraph{段落タイトル}
段落です。
```

```
\subparagraph{小段落タイトル}
小段落です。
\end{document}
```

すると、3 ページにわたる次のような文書がプレビューされます。

● 見出しのテスト（jsbook）

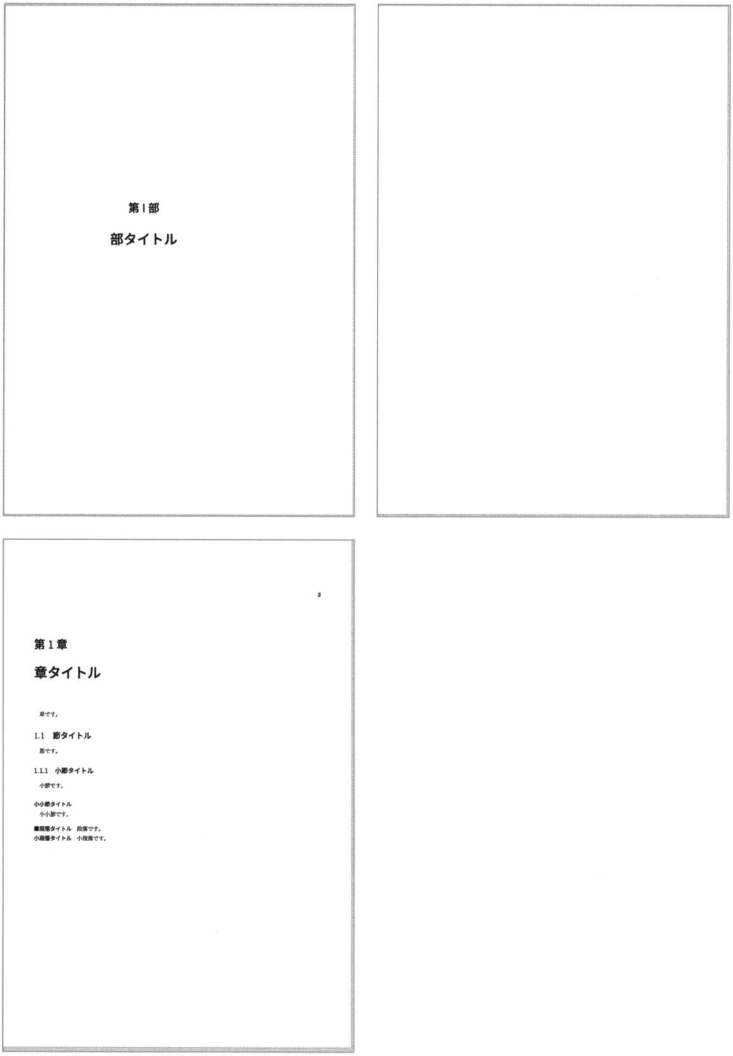

第1部

部タイトル

3

第1章

章タイトル

章です。

1.1　節タイトル

節です。

1.1.1　小節タイトル

小節です。

小小節タイトル

小小節です。

■段落タイトル　段落です。

小段落タイトル　小段落です。

2 ページ目に空白ページが挿入されるのは、book 系ドキュメントクラスでは文書が**両面印刷**で製本される前提で作成されるからです。このような細かなページ管理も、LaTeX が自動的に行ってくれる機能が非常に強力なのです。

1-3 目次

- 目次を自動生成する方法を理解する
- 目次を自動生成する

目次の自動生成

LaTeX には、文書の目次を自動生成してくれる機能があります。目次を生成するには、文書中の目次を挿入したいところに **\tableofcontents** という命令を挿入します。実際に、jsarticle で作成した文書に目次を挿入してみましょう。なお、**\newpage** は、強制的に改ページを行う命令です。

Sample2-10.tex

```
\documentclass{jsarticle}
\begin{document}
\tableofcontents
\newpage
\part{部タイトル}
部です。
\section{節タイトル}
節です。
\subsection{小節タイトル}
小節です。
\subsubsection{小小節タイトル}
小小節です。
\paragraph{段落タイトル}
段落です。
\subparagraph{小段落タイトル}
小段落です。
\end{document}
```

\tableofcontentsを追加

\newpageを追加

Cloud LaTeX にこのソースコードを入力し、［コンパイル］をクリックしてプレビューすると、次のような文書が表示されます。

● 目次のテスト（jsarticle）

目次

第 I 部　部タイトル　2

1　節タイトル　2

1.1　小節タイトル 2

第 I 部

部タイトル

部です。

1　節タイトル

節です。

1.1　小節タイトル

小節です。

1.1.1　小小節タイトル

小小節です。

■段落タイトル　段落です。

小段落タイトル　小段落です。

レイアウトの整った目次ページが生成されました。文書が長くなり、見出しが増えるにつれて、目次ページも自動的に増えていきます。実際に筆者が書いた長めの文書の目次を以下に例として掲載します。

● 長い文書の目次の例（jsbookで作った文書）

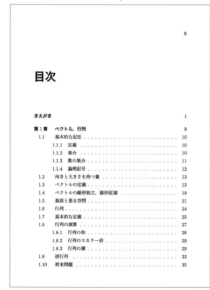

5

目次

まえがき　1
第 1 章　ベクトル，行列　9
1.1　基本的な記法 10
1.1.1　定義 10
1.1.2　集合 10
1.1.3　数の集合 11
1.1.4　論理記号 12
1.2　向きと大きさを持つ量 13
1.3　ベクトルの定義 13
1.4　ベクトルの線形独立，線形従属 19
1.5　基底と張る空間 21
1.6　行列 24
1.7　基本的な定義 25
1.8　行列の演算 27
1.8.1　行列の和 28
1.8.2　行列のスカラー倍 29
1.8.3　行列の積 29
1.9　逆行列 33
1.10　章末問題 35

6　目次

第 2 章　連立一次方程式と基本変形　37
2.1　はじまりは加減法 38
2.2　行列とベクトルの世界へ 39
2.3　行基本変形 40
2.4　連立一次方程式 42
2.5　行基本変形で連立一次方程式を解いてみる 43
2.6　章末問題 48
第 3 章　$\mathbb{R}$-線形空間　51
3.1　$\mathbb{R}^n$ 51
3.1.1　和について閉じている 52
3.1.2　スカラー倍について閉じている 52
3.1.3　8 つの代数的性質 53
3.2　「公理化」という考え方 54
3.2.1　$M(2;\mathbb{R})$ 54
3.2.2　$\mathbb{R}$-線形空間の定義 56
3.2.3　$\mathbb{R}$-線形空間は $\mathbb{R}^n$ の公理化 59
3.3　線形空間の例 59
3.4　ベクトルの線形独立，線形従属 62
3.5　基底と張る空間 65
3.6　部分空間 67
3.6.1　部分空間の基底の延長 77
3.6.2　和空間 79
3.6.3　共通部分 81
3.6.4　和空間と共通部分の次元定理 83
3.7　章末問題 86
第 4 章　線形写像　89
4.1　写像 90

2 見出しの細かい制御

- 見出しの深さ、深さレベルとは何かを理解する
- 各ドキュメントクラスの深さレベルに対応する見出しを確認する
- 深さレベルを使って、見出しごとの細かい制御を行う

2-1 深さレベル

- 深さレベルを理解する
- 深さレベルにより、見出しごとの細かい制御を行う

見出しの深さ

整理された読みやすい文書を作成するにあたって、「見出し」は非常に重要な役割を果たします。前節まででも見てきた通り、LaTeX で文書作成をする際には \chapter、\section などの専用の命令を使って文書に見出しを付けます。そして、見出しには「上下関係（階層）」があることも前節で確認しました。例えば article 系ドキュメントクラスにおける見出しの上下関係は以下の通りでした。

- article系ドキュメントクラスの見出しレベルの上下関係（再掲）

```
part（部）
 └section（節）
   └subsection（小節）
     └subsubsection（小小節）
       └paragraph（段落）
         └subparagraph（小段落）
```

見出しの上下関係が下に行くほど、その見出しは**深い見出し**であるといいます。そして、見出しが上下関係のどこに位置するのかを、見出しの**深さ**と呼びます。

見出しと深さレベルの対応

各見出しを深さに応じて細かく管理するために、LaTeXでは各見出しに深さを表す**深さレベル**という番号が振られています。

各見出しと深さレベルの対応はドキュメントクラスごとに以下のように決められています。

- article系ドキュメントクラス（jarticle、jsarticle）

深さレベル	見出し
0	part
1	section
2	subsection
3	subsubsection
4	paragraph
5	subparagraph

- report系、book系ドキュメントクラス（jreport、jsreport、jbook、jsbook）

深さレベル	見出し
-1	part
0	chapter
1	section
2	subsection
3	subsubsection
4	paragraph
5	subparagraph

LaTeXで文書作成をする際は、この深さレベルを使って見出しごとの細かい制御が行えます。例えば、以下のようなことが可能です。順に見ていきましょう。

- **深さレベル4まで見出し番号を表示する**
- **深さレベル3の見出し番号を2から始める**
- **深さレベル5までの見出しを目次に表示する**

◎指定した深さレベルまでの見出しに番号を付ける

以下のソースコードを Cloud LaTeX に入力し、［コンパイル］をクリックして文書をプレビューしましょう。

Sample2-11.tex

```
\documentclass{jsarticle}
\begin{document}
\part{部タイトル}
部です。
\section{節タイトル}
節です。
\subsection{小節タイトル}
小節です。
\subsubsection{小小節タイトル}
小小節です。
\paragraph{段落タイトル}
段落です。
\subparagraph{小段落タイトル}
小段落です。
\end{document}
```

次のような文書がプレビューされます。

● 見出し番号のテスト

第 I 部

部タイトル

部です。

1　節タイトル

節です。

1.1　小節タイトル

小節です。

1.1.1　小小節タイトル

小小節です。

■段落タイトル　段落です。

小段落タイトル　小段落です。

この文書では subsubsection（小小節）までの見出しには番号が表示されていますが、paragraph（段落）、subparagraph（小段落）には見出し番号が表示されていないことがわかります。しかし、場合によってはparagraphの見出しに番号を表示したくなることもあるでしょう（著者の経験上、paragraphにまで番号を付けたいというシチュエーションにはほとんど出会ったことはありません）。

jsarticleの見出しの深さレベルから、この文書では「深さレベル0（part）から3（subsection）の見出しにのみ番号が表示されている」ことがわかります。paragraph（深さレベル4）まで見出し番号を表示したいときは、プリアンブル部に**\setcounter{secnumdepth}{4}**と書くと、paragraphにも見出しの番号付けが行われます。

Sample2-12.tex

```
\documentclass{jsarticle}
\setcounter{secnumdepth}{4}
\begin{document}
\part{部タイトル}
部です。
\section{節タイトル}
節です。
\subsection{小節タイトル}
小節です。
\subsubsection{小小節タイトル}
小小節です。
\paragraph{段落タイトル}
段落です。
\subparagraph{小段落タイトル}
小段落です。
\end{document}
```

\setcounter{secnumdepth}{4}を追加

［コンパイル］をクリックして文書をプレビューしましょう。

● 見出し番号のテスト

第 I 部

部タイトル

部です。

1　節タイトル

節です。

1.1　小節タイトル

小節です。

1.1.1　小小節タイトル

小小節です。

■1.1.1.1　**段落タイトル**　段落です。

小段落タイトル　小段落です。

paragpraph にも見出し番号が表示されました。このように、どの深さレベルまで見出し番号を表示するかは、\setcounter{setnumdepth}{ 深さレベル } で設定します。

◎指定した深さレベルまで目次に表示する

以下のソースコードを Cloud LaTeX に入力し、[コンパイル] をクリックして文書をプレビューしましょう。

Sample2-13.tex

```
\documentclass{jsarticle}
\setcounter{secnumdepth}{4}
\begin{document}
\tableofcontents
\newpage
\part{部タイトル}
部です。
\section{節タイトル}
節です。
\subsection{小節タイトル}
小節です。
\subsubsection{小小節タイトル}
小小節です。
\paragraph{段落タイトル}
段落です。
```

```
\subparagraph{小段落タイトル}
小段落です。
\end{document}
```

\tableofcontents が入っているので目次が表示されますが、実際は以下のようにプレビューされます。

• 目次のテスト

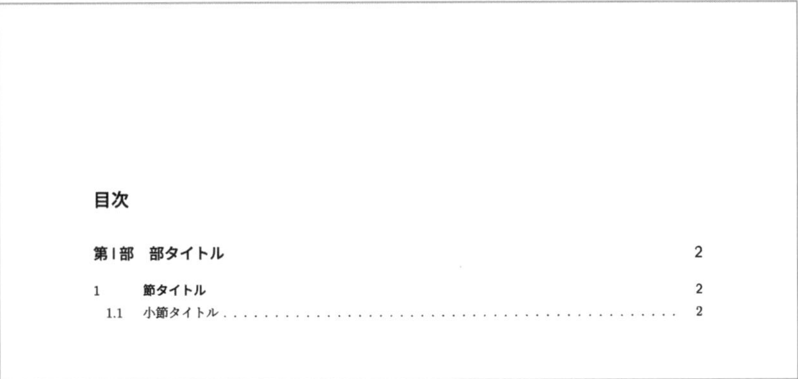

目次

第 I 部　部タイトル　2

1　節タイトル　2

1.1　小節タイトル 2

プレビューされた文書を確認すると、目次には subsection（深さレベル 2）までの見出しは表示されていますが、subsubsection（深さレベル 3)、paragraph（深さレベル 4)、subparagraph（深さレベル 5）の見出しは表示されていないことがわかります。例えば、深さレベル 4 の paragraph までを目次に表示したいときは、プリアンブル部で **\setcounter[tocdepth]{4}** と指定します。

Sample2-14.tex

```
\documentclass{jsarticle}
\setcounter{secnumdepth}{4}
\setcounter{tocdepth}{4}
\begin{document}
\tableofcontents
\newpage
\part{部タイトル}
部です。
\section{節タイトル}
節です。
\subsection{小節タイトル}
小節です。
\subsubsection{小小節タイトル}
```

← \setcounter[tocdepth]{4}を追加

```
小小節です。
\paragraph{段落タイトル}
段落です。
\subparagraph{小段落タイトル}
小段落です。
\end{document}
```

プレビューすると、subsubsection（深さレベル3）、paragraph（深さレベル4）も目次に表示されます。

● **目次のテスト**

目次

第 I 部　部タイトル 2

1　**節タイトル** 2

1.1　小節タイトル 2

1.1.1　小小節タイトル 2

1.1.1.1　段落タイトル 2

このように、指定した深さレベルまでの見出しを目次に表示するには、\setcounter{tocdepth}{深さレベル}とプリアンブル部で指定します。

◎見出しの開始番号を指定する

通常、見出し番号は1から順に振られますが、例えばすでにある別の文書の続きを執筆したい場合など、見出し番号を途中から開始したいケースがあります。その場合も、\setcounterを使って、見出しの開始番号を指定します。

以下のソースコードをCloud LaTeXに入力し、［コンパイル］をクリックしてプレビューを確認しましょう。

Sample2-15.tex

```
\documentclass{jsarticle}
\setcounter{section}{2}    ← \setcounter{section}{2}を追加
\begin{document}
\tableofcontents
\newpage
\part{部タイトル}
部です。
\section{節タイトル}
節です。
\subsection{小節タイトル}
小節です。
\subsubsection{小小節タイトル}
小小節です。
\paragraph{段落タイトル}
段落です。
\subparagraph{小段落タイトル}
小段落です。
\end{document}
```

● 節の開始番号の変更

第 I 部

部タイトル

部です。

3　節タイトル

節です。

3.1　小節タイトル

小節です。

3.1.1　小小節タイトル

小小節です。

■段落タイトル　段落です。

小段落タイトル　小段落です。

ここではプリアンブル部に\setcounter{section}{2}という命令を書いています。これにより、section の見出し番号の最初の値が 2 に設定され、文中では節（section）の見出し番号が 2 の次の番号である 3 から始まっていることがわかります。また、それよりも小さな見出し（subseciton、paragraph、subparagraph）も自動的に正し

い番号に調整されていることがわかるでしょう。

このように、見出し番号は \setcounter を使えば自由に制御することができます。

2-2 タイトルと表紙

- 文書のタイトル、著者名、日付を設定する方法を理解する
- タイトルを自動生成する
- 表紙ページを自動生成する

タイトル／著者名／日付の設定

多くの文書では、タイトル、著者名、執筆の日付が対応しています。LaTeX ではそれらの情報を文書に組み込み、必要に応じて文中に表示することができます。

文書のタイトル、著者名、日付は以下のようにプリアンブル部に記載すると、文書に組み込むことができます。

- \title{ タイトル }
- \author{ 著者名 }
- \date{ 日付 }

これらの情報を組み込んだ文書のソースコードを以下に示します。Cloud LaTeX に入力し、［コンパイル］をクリックしてプレビューしましょう。

Sample2-16.tex

```
\documentclass{jsarticle}
\title{はじめての \LaTeX 文書}
\author{山田 太郎}
\date{2021年1月1日}
\begin{document}
\maketitle
この文書では、美しい \LaTeX 文書に思いをはせてみます。
\section{節}
```

```
こんなふうに、見出しを簡単に付けることができます。ここでは、節を作ってみました。
\subsection{小節}
さらに、節よりも一つ小さい見出しの小節も作ってみました。
\end{document}
```

次のような文書がプレビューされます。

● タイトルの設定とタイトル部の自動生成

はじめての LaTeX 文書

山田 太郎

2021年1月1日

この文書では、美しい LaTeX 文書に思いをはせてみます。

1 節

こんなふうに、見出しを簡単に付けることができます。ここでは、節を作ってみました。

1.1 小節

さらに、節よりも一つ小さい見出しの小節も作ってみました。

文書の上部に、タイトルと著者名、日付を表す部分が綺麗に追加されます。以下のような仕組みでタイトル部分が自動的に作られています。

- **プリアンブル部の \title、\author、\date により、文書にタイトル、著者名、日付が紐付く**
- **本文中の \maketitle により、紐付いた情報が整形された文中に挿入される**

これを手作業で行うとレイアウトを調整する手間が生じますが、LaTeX の力を借りれば、一瞬で美しいタイトルを挿入できるのです。

◎今日の日付を自動的に設定（\today）

\date{\today} と日付を設定すると、日付が自動的に「タイプセットした日」に設定されます。実際に試してみましょう。

Sample2-17.tex

```
\documentclass{jsarticle}
\title{はじめての \LaTeX 文書}
\author{山田 太郎}
\date{\today}   ← \date{\today}を追加
\begin{document}
\maketitle
この文書では、美しい \LaTeX 文書に思いをはせてみます。
\section{節}
こんなふうに、見出しを簡単に付けることができます。ここでは、節を作ってみました。
\subsection{小節}
さらに、節よりも一つ小さい見出しの小節も作ってみました。
\end{document}
```

［コンパイル］をクリックしてプレビューすると、以下のように文中に挿入される日付が自動的に「タイプセットした日」になっていることがわかります※2。

● **日付をタイプセット日に自動設定**

はじめての LaTeX 文書

山田 太郎

2022 年 5 月 21 日

なお任意の日付を設定するには、\date{2022 年 5 月 21 日} のように指定します。

表紙の生成

レポートなどを書く際、タイトルと著者名、日付だけが書かれた表紙を挿入したくなることがあります。LaTeX では表紙も自動的に生成できます。

表紙は、プリアンブル部の最初の 1 行に \documentclass[titlepage]{jsarticle}

※ 2 この文書をタイプセットしたのは、2022 年 5 月 21 日です。

のように [titlepage] を足し、\maketitle を本文ブロックに挿入するだけで生成できます。実際に試してみましょう。

Sample2-18.tex

```
\documentclass[titlepage]{jsarticle}   ← [titlepage]を追加
\title{はじめての \LaTeX 文書}
\author{山田 太郎}
\date{\today}
\begin{document}
\maketitle   ← \maketitleを追加
この文書では、美しい \LaTeX 文書に思いをはせてみます。
\section{節}
こんなふうに、見出しを簡単に付けることができます。ここでは、節を作ってみました。
\subsection{小節}
さらに、節よりも一つ小さい見出しの小節も作ってみました。
\end{document}
```

プレビューすると、以下のように表紙ページが追加されます。

● **表紙の自動作成**

はじめての LaTeX 文書

山田 太郎

2022 年 5 月 21 日

この文書では、美しい LaTeX 文書に思いをはせてみます。

1 節

こんなふうに、見出しを簡単に付けることができます。ここでは、節を作ってみました。

1.1 小節

さらに、節よりも一つ小さい見出しの小節も作ってみました。

1

コメント

LaTeX のソースコードの中では、% 記号から始まる 1 行が、コンパイル時には無視されます。例えば、以下のようなソースコードをコンパイルしてプレビューすると、プレビュー結果には何も表示されません。

Sample2-19.tex

```
\documentclass[titlepage]{jsarticle}
\title{はじめての \LaTeX 文書}
\author{山田 太郎}
\date{\today}
\begin{document}
% この行はコメントです。
% この行は、プレビュー結果には何も影響を与えません。
\end{document}
```

このように行頭に % を付けてその行をコンパイル結果に反映させないようにすることを、その行を**コメントアウトする**といいます。

ソースコードの中にコメントとしてメモ書きを適宜挿入しておくと、あとでソースコードを修正するときや誰かにソースコードを渡して読んでもらうときなどに、文書作成者の意図がすぐに把握でき便利です。

ちなみに、複数行をまとめてコメントアウトする方法もありますが、あまり使う機会がないため、本書では解説を省略します。興味のある方は調べてみてください。

3 練習問題

正解は 261 ページ

問題 2-1 ★☆☆

作成する文書に応じて選ぶと、文書全体の見た目を自動的に決定してくれる「文書全体の設計図」のようなものを何というか。また、そのうち主要なものを列挙せよ。

問題 2-2 ★★☆

次のような文書を LaTeX でできる限り再現せよ。この文書を書いている日は 2021 年 12 月 4 日であるとする。

なお、下記の点に注意すること。

- 「人間による手入力（直打ち）」はなるべく避ける（例えば「1.2」のような見出し番号や、目次などを直接書いたりせず、LaTeX の機能で自動生成させる）
- 細部まで可能な限り再現することを目指す（この文書を作るのには、2 日目までで取り上げた内容しか使っていない）

● 1ページ目

仙台市の魅力

仙台 四郎

2021 年 12 月 4 日

- 2ページ目

目次

第 I 部　仙台市について　2

1　仙台の名物料理　2

2　仙台の名所　2

2.1　東北大学のキャンパス 2

片平キャンパス 2

川内キャンパス 2

青葉山キャンパス 2

星陵キャンパス 2

3　ようこそ仙台へ　2

1

● 3ページ目

第Ⅰ部

仙台市について

仙台市（Sendai city）とは、宮城県の県庁所在地であり、「杜の都」という異名で呼ばれることもある、由緒正しき街です。この文書では、宮城県仙台市の魅力について簡単にまとめてみました。

1　仙台の名物料理

なんといっても仙台の名物料理には、「牛タン」「笹かま」「ずんだ餅」など、有名なものがたくさんあります。もう少しマイナーなものだと、「せり鍋」「定義山の三角油揚げ」「麻婆焼きそば」など、挙げてみればキリがありません。

2　仙台の名所

仙台には、「青葉城址」「東北大学」「勾当台公園」など、さまざまな名所があります。豊かな自然に囲まれ、ゆったりとした時間の中でたくさんの人が日々の活動に勤しんでいるのが、仙台という街を色濃く特徴づけています。

2.1　東北大学のキャンパス

東北大学は、仙台市内に点在する複数のキャンパスによって構成されています。

■片平キャンパス　金属材料研究所、電気通信研究所などの研究所や、大学本部などが設置されています。

■川内キャンパス　人文社会科学系の学部が設置されています。また、全学教育もこのキャンパスで行われます。

■青葉山キャンパス　工学系、理学系の学部が設置されています。

■星陵キャンパス　医学部、歯学部、加齢医学研究所などが設置されています。

3　ようこそ仙台へ

まだまだ書きたいことはありますが、今日はこのへんにしておきます。皆さん、ぜひ仙台に遊びに来てくださいね。

2

3日目

文字装飾／さまざまな環境

1. フォントサイズと文字装飾
2. 環境
3. 練習問題

1 フォントサイズと文字装飾

- フォントサイズを変更する方法を理解する
- 文書内の文字を装飾するさまざまな方法を理解する
- フォントサイズ変更、文字装飾を使ってみる

1-1 フォントサイズと書体

- フォントサイズを変更する方法を理解する
- 書体を変更する方法を理解する

読みやすい本文を作成するには

2日目ではドキュメントクラスや見出し、表紙、目次などを駆使した基本的な文書の作成を学びました。LaTeXの機能を活用すれば、人間が手作業で苦労することなく、美しい見出し、表紙、目次などを生成できるとわかったことでしょう。

しかし、LaTeXには本文中の文字の装飾（太字／斜体／下線など）、さらには中央揃えや箇条書き、文を枠で囲む方法など、文章を美しく彩る機能が備わっています。ここからは、よりアクセントに富んだ、美しく読みやすい本文を作成する方法を学びましょう。

フォントサイズの設定

文書のフォントサイズ（文字サイズ）を設定するには、以下の2つの方法があります。

- 文書全体のフォントサイズを一括で設定する
- 文書内の一部のフォントサイズを設定する

◎文書全体のフォントサイズを一括で設定する

文書全体のフォントサイズを一括で設定したいときは、プリアンブル部に pt（ポイント）または px（ピクセル）単位でフォントサイズを指定します。

用語

pt（ポイント）

文字の大きさを表す単位。1pt = 1 インチの 72 分の 1（0.3528mm）

px（ピクセル）

デジタル画像の最小単位。画面上の 1 ドットの大きさが 1px

細かい定義は気にせず、pt 単位でフォントサイズを感覚的に指定すれば問題ないでしょう。

以下の 2 つのソースコードを Cloud LaTeX に入力し、［コンパイル］でプレビューしましょう。2 つのソースコードの違いは、プリアンブル部 1 行目のフォントサイズ指定の部分だけです。

Sample3-1.tex

```
01 \documentclass{jsarticle}
02 \begin{document}
03 \section{\LaTeX の世界へようこそ。}
04 Hello \LaTeX !! \LaTeX の世界へようこそ。\LaTeX を使うと、以下のように美しい数式も簡単に記述できます。
05 \[x^n + y^n = z^n.\]
06 さらに、レイアウトが自動的に綺麗に整うのも凄いですね。
07 \end{document}
```

Sample3-2.tex

```
01 \documentclass[12pt]{jsarticle}   ← [12pt]を追加
02 \begin{document}
03 \section{\LaTeX の世界へようこそ。}
04 Hello \LaTeX !! \LaTeX の世界へようこそ。\LaTeX を使うと、以下のように美しい数式も簡単に記述できます。
05 \[x^n + y^n = z^n.\]
06 さらに、レイアウトが自動的に綺麗に整うのも凄いですね。
07 \end{document}
```

それぞれのソースコードが、以下のようにプレビューされたはずです。

- フォントサイズを指定していない文書

1 LaTeX の世界へようこそ。

Hello LaTeX!! LaTeX の世界へようこそ。LaTeX を使うと、以下のように美しい数式も簡単に記述できます。

$$x^n + y^n = z^n.$$

さらに、レイアウトが自動的に綺麗に整うのも凄いですね。

- フォントサイズを12ptに指定した文書

1 LaTeX の世界へようこそ。

Hello LaTeX!! LaTeX の世界へようこそ。LaTeX を使うと、以下のように美しい数式も簡単に記述できます。

$$x^n + y^n = z^n.$$

さらに、レイアウトが自動的に綺麗に整うのも凄いですね。

文書全体のフォントサイズが両者で異なっていることがわかりますね。LaTeX では、\documentclass[○○ pt]{ ドキュメントクラス名 } のように記述することで、文書全体のフォントサイズを設定できます。フォントサイズを指定しない場合は、自動的にフォントサイズが 10pt に設定されます。

重要

フォントサイズを指定しない場合は、文書全体のフォントサイズは自動的に 10pt に設定されます。

このように文書全体に適用するフォントサイズを**標準フォントサイズ**と呼びます。

用語

標準フォントサイズ
文書全体に適用するフォントサイズ

これは筆者の感覚ですが、10pt は一般的な理系文書のフォントサイズ（やや小さめ）、12pt だとやや大きめのフォントサイズ（読みやすい）くらいのイメージです。筆者はたいてい、文書全体のフォントサイズをこのどちらかに指定しています。

◎ 文書内の一部のフォントサイズを設定する（相対サイズ指定）

文書全体のフォントサイズを一括で設定する他、文書内の特定の部分だけフォントサイズを自由に設定することもできます。

まずは以下のソースコードを Cloud LaTeX に入力し、プレビューしましょう。「美しい数式」の部分のフォントサイズを大きくするため、{\huge 美しい数式} と書き換えてあります（huge は「巨大な」という意味です）。

Sample3-3.tex

```
\documentclass[10pt]{jsarticle}
\begin{document}
\section{\LaTeX の世界へようこそ。}
Hello \LaTeX !! \LaTeX の世界へようこそ。\LaTeX を使うと、以下のように
{\huge 美しい数式}も簡単に記述できます。
\[x^n + y^n = z^n.\]
さらに、レイアウトが自動的に綺麗に整うのも凄いですね。
\end{document}
```

← {\huge 美しい数式} に変更

以下のような文書がプレビューされます。

- 「美しい数式」の部分のフォントサイズを大きく設定

1　LaTeX の世界へようこそ。

Hello LaTeX!! LaTeX の世界へようこそ。LaTeX を使うと、以下のように美しい数式も簡単に記述できます。

$$x^n + y^n = z^n.$$

さらに、レイアウトが自動的に綺麗に整うのも凄いですね。

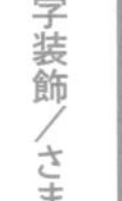

「美しい数式」の部分だけが大きなフォントサイズに変更されていることがわかります。LaTeXでは、一般的にこの方法で部分的にフォントサイズを指定します。フォントサイズは、同じ方法で以下のような種類に設定できます。

● **フォントサイズの種類**

出力	コマンド	標準サイズを10ptとしたときの大きさ
ABC	\tiny	5pt
ABC	\scriptsize	7pt
ABC	\footnotesize	8pt
ABC	\small	9pt
ABC	\normalsize	10pt ※デフォルトのため使わなくてよい
ABC	\large	12pt
ABC	\Large	14.4pt
ABC	\LARGE	17.28pt
ABC	\huge	20.74pt
ABC	\Huge	24.88pt

この方法で部分的にフォントサイズを指定することのメリットは、**あとから標準フォントサイズを変更したときに、連動してバランスよくフォントサイズが変わる**ところです。例えばプリアンブル部の\documentclass[10pt]{jsarticle}の部分を\documentclass[20pt]{jsarticle}などに変更すると、\hugeで囲んだ「美しい数式」の部分のサイズも、標準フォントサイズに連動して変化します。このように相対的にサイズを指定しているので、**相対サイズ指定**と呼ぶのです。

ちなみに、文書内の一部のフォントサイズを○○ptのように具体的な数値で指定する方法（絶対サイズ指定）もありますが、正直なところあまり用途がなく、さらに動作が少し不安定なので、ほとんど使われることはありません。また、後述する「LaTeXの根本思想」にも反するのでそもそも使うべきではありません。よって、本書では解説を割愛します。

重要

LaTeX では、原則、フォントサイズは相対サイズで指定します。

文字装飾とフォント

LaTeX では本文中で強調したい文字の装飾やフォントの変更も簡単に行えます。以下のソースコードを Cloud LaTeX に入力し、プレビューしましょう。「Hello」の部分を \textit{Hello} とし**イタリック体**（少し斜めになった書体）に、「美しい数式」の部分を \textbf{ 美しい数式 } とし**太字**に変更しています。

Sample3-4.tex

```
\documentclass{jsarticle}
\begin{document}
\section{\LaTeX の世界へようこそ。}
\textit{Hello} \LaTeX !! \LaTeX の世界へようこそ。\LaTeX を使うと、以下のように\textbf{美しい数式}も簡単に記述できます。
\[x^n + y^n = z^n.\]
さらに、レイアウトが自動的に綺麗に整うのも凄いですね。
\end{document}
```

\textit{Hello}と\textbf{美しい数式}に変更

以下のような文書がプレビューされます。

● 「Hello」をイタリック体、「美しい数式」を太字に設定

1　LaTeX の世界へようこそ。

Hello LaTeX!! LaTeX の世界へようこそ。LaTeX を使うと、以下のように**美しい数式**も簡単に記述できます。

$$x^n + y^n = z^n.$$

さらに、レイアウトが自動的に綺麗に整うのも凄いですね。

「Hello」がイタリック体に、「美しい数式」が太字に変わっていることがわかります。このように、専用の命令を使って簡単に書体を変更することができます。

◎欧文と和文

注意が必要なのは、LaTeX では**欧文（英語）と和文（日本語）が明確に区別され、それぞれに対して使える文字装飾やフォントが異なる**という点です。

例えば、以下のソースコードを Cloud LaTeX に入力し、プレビューしましょう。

Sample3-5.tex

```
\documentclass{jsarticle}
\begin{document}
\section{\LaTeX の世界へようこそ。}
Hello \LaTeX !! \LaTeX の世界へようこそ。\LaTeX を使うと、以下のように
\textit{美しい数式}も簡単に記述できます。
\[x^n + y^n = z^n.\]
さらに、レイアウトが自動的に綺麗に整うのも凄いですね。
\end{document}
```

\textit{美しい数式}に変更

「美しい数式」の部分をイタリック体にするために \textit を使いましたが、プレビュー結果は次のようになります。

● 「美しい数式」をイタリック体にしたはずが……？

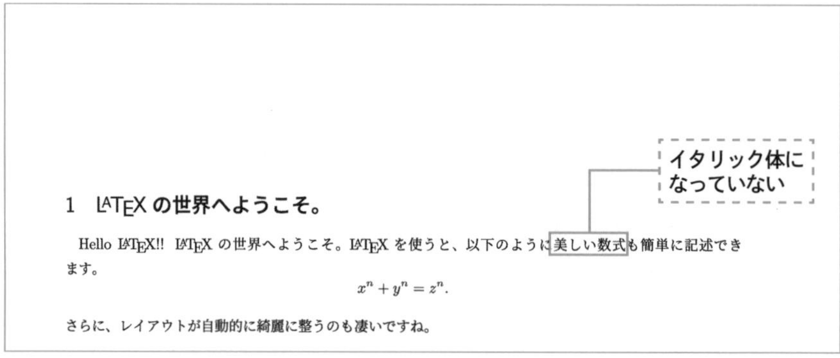

「美しい数式」の部分を見ると、イタリック体になっていませんね。実は \textit は和文には対応していないのです[※1]。

※1 LaTeX では特殊な方法を使わない限り和文をイタリック体にすることはできません。しかし、筆者が長年 LaTeX を使っている中で和文をイタリック体にしたいと思ったことはほとんどなかったため、あまり困ることはないでしょう。

\textit のように和文に対応していない文字装飾やフォントもあります。

欧文と和文で使える書体設定を以下に示します。

- 欧文フォント

LaTex	書体	出力
\textrm	ローマン体	ABC abc 0123
\textsf	サンセリフ体	ABC abc 0123
\texttt	タイプライタ体	ABC abc 0123

- 和文フォント

LaTex	和文フォント	出力
\textmc	明朝体	あいう ABC abc 0123
\textgt	ゴシック体	**あいう** ABC abc 0123

- 太さ（欧文、和文ともに対応）

LaTex	太さ	出力
\textmd	標準の太さ	あいう ABC abc 0123
\textbf	太字	**あいう ABC abc 0123**

- シェイプ（欧文のみに対応）

LaTex	シェイプ	出力
\textup	直立体	ABC abc 0123
\textit	イタリック体	*ABC abc 0123*
\textsl	スラント体	*ABC abc 0123*
\textsc	スモール・キャプス	ABC ABC 0123

LaTeX の基本は「役割分担」

文字のサイズや書体を部分的に変更する方法を取り上げてきましたが、実はこれらは**可能な限り使うべきではありません**。

理由は、LaTeX による文書作成の「根本的な思想」が関連しています。というのも、LaTeX による文書作成では、前述の通り以下の思想が根本に存在します。

- **デザインや番号振りなど、「文書の見た目」の部分は LaTeX（ドキュメントクラス）に任せる**
- **人間は文書の内容や構造（タイトルや見出しなど）だけに集中する**

この思想を徹底することにより、**人間が集中して作成した文書＋長年の歴史により洗練されたデザイン**というコンビネーションで美しい文書作成を実現できるのです。一般的な文書作成ソフトが目指すものが「人間が思った通りの文書作成」だとしたら、LaTeX が目指すのはいわば「人間と LaTeX による最適な役割分担」なのです。

この思想に照らして考えてみると、今まで述べてきた「部分的なフォントサイズや書体の変更」を行うことは、人間が「デザインの部分にまで細かく口を出している」ことになります。そのため、やむを得ない場合を除いて、これらの方法は用いるべきではないことを知っておきましょう。

2 環境

- 文書中の一定範囲に特殊効果を加える「環境」を理解する
- 環境を使って文書を装飾してみる

2-1 文書内の一定範囲を枠で囲む

- 文書内の一定範囲を枠で囲む方法を理解する
- いろいろな枠で文書中の一定範囲を囲む

文書中の一定範囲に特殊なレイアウトを適用するには、**環境**を用います。環境を駆使すると、文書を華やかに彩ることができます。

環境
文書中の一定範囲に特殊効果を加える役割を担う文章ブロック

まずは環境を用いて文書内の一定範囲を枠で囲む方法を理解しましょう。以下のソースコードを Cloud LaTeX に入力し、プレビューしましょう。

Sample3-6.tex

```
\documentclass{jsarticle}
\usepackage{ascmac}
\begin{document}
\section{\LaTeX の環境を使ってみよう。}
\LaTeX の環境を使って遊んでみましょう。例えば
\begin{screen}
こんなふうに丸い枠で囲む
\end{screen}
```

丸い枠で囲む

```
ことや、
\begin{shadebox}    ← 影付きの枠で囲む
こんなふうに影付きの枠で囲む
\end{shadebox}
ことや、
\begin{boxnote}    ← ノート風の枠で囲む
こんなふうにノート風の枠で囲む
\end{boxnote}
ことが自由自在にできます。すごいでしょ？
\end{document}
```

プレビュー結果は以下のようになります。文書内の一定範囲が枠で囲まれていますね。

- 文書内の一定範囲が枠で囲まれている

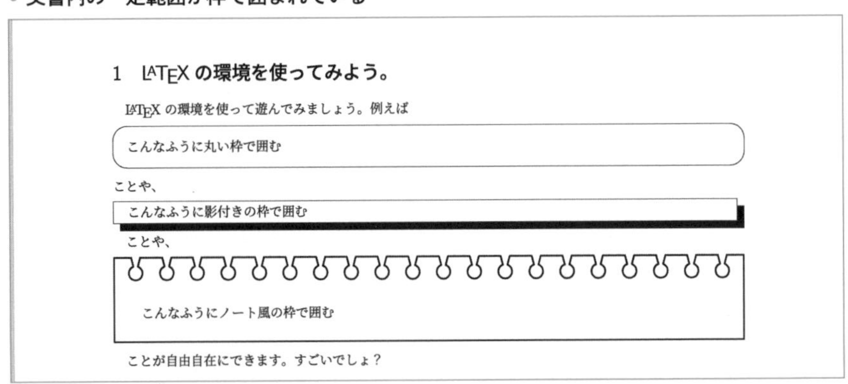
1　LATEX の環境を使ってみよう。
LATEX の環境を使って遊んでみましょう。例えば
こんなふうに丸い枠で囲む
ことや、
こんなふうに影付きの枠で囲む
ことや、
こんなふうにノート風の枠で囲む
ことが自由自在にできます。すごいでしょ？

このように、**\begin{ 環境名 }**と**\end{ 環境名 }**によって囲まれた部分を環境と呼びます。丸枠は「screen 環境」、影付き枠は「shadebox 環境」、ノート風枠は「boxnote 環境」により文書中の一定範囲を囲むことで、多彩な種類の枠を実現しているのです。

これらの枠で囲む環境を使うには、プリアンブル部に**\usepackage{ascmac}**と記載する必要があります。LaTeX には**スタイルファイル**と呼ばれる「機能の集まり（カタログ）」があり、これを \usepackage により読み込むことで、文書作成で使えるさまざまな機能を拡張することができるのです。これは、アプリケーションで「プラグイン」を読み込むことに似ています。

用語

スタイルファイル
機能の集まり（カタログ）

ここでは、amsmac.sty というスタイルファイルを読み込み、その中の機能である screen 環境などを使用しています。なお amsmac.sty の「.sty」は、拡張子（ファイルの種類を識別するための文字列）です。

ソースコードのインデント

複雑なソースコードを読みやすくするための工夫として、ソースコードの**インデント**（字下げ）があります。

LaTeX では、以下のソースコードのように、環境の中に 1 つ入るごとに文頭に半角スペースを 2 つ挿入することを、ソースコードを字下げする（ソースコードにインデントを付ける）といいます。

• **インデントしたソースコードの例**

```
\begin{screen}
  この文章は丸い枠で囲まれています。
  screen環境を使うとこんなふうに文書をポップに彩ることができます。
\end{screen}
```

一般的なプログラミング言語やマークアップ言語ほど、LaTeX にはインデントに関する明確なルールはありませんが、例えば以下のように環境の中に環境が入る（環境の入れ子）場合などには、内側の環境の中身にインデントを付けると、どこからどこまでがどの環境に属しているかが見やすくなるので、必要に応じてインデントを付けることを心がけておきましょう。

• **環境の入れ子の例**

```
\begin{環境1}
  ここは環境1の中です。
  \begin{環境2}
    ここは環境2の中です。
    インデントによって環境2の中に入っていることがわかりやすくなりました。
  \end{環境2}
  環境2の外に出ました。
\end{環境1}
```

本書でも、環境の中に環境が入るような複雑なソースコードでは、見やすいようにインデントを付けています。

タイトル付きの枠囲み

次に、以下のソースコードを Cloud LaTeX に入力し、プレビューしましょう。\begin{itembox}[l]{\LaTeX の思想} の中の [l] は「小文字のエル」であることに注意してください。

Sample3-7.tex

```
\documentclass{jsarticle}
\usepackage{ascmac}
\begin{document}
\section{\LaTeX の環境を使ってみよう。}
タイトル付きの枠も使ってみましょう。
\begin{itembox}[l]{\LaTeX の思想}
\LaTeX の思想は「人間とシステムの役割分担」にあり！
\end{itembox}
\end{document}
```

\begin{itembox}[l]{\LaTeX の思想}を追加

結果は以下のようになります。screen のような丸い枠に、タイトルが付いていることがわかります。

● タイトル付きの枠

1　LaTeX の環境を使ってみよう。

タイトル付きの枠も使ってみましょう。

LaTeX の思想

LaTeX の思想は「役割分担」にあり！

このように、itembox 環境を使うと、タイトル付きの枠で文書中の一定範囲を囲むことができます。ただ、\begin{itembox} の右側を見ると、先ほどの screen 環境などにはなかったことが書いてあります。itembox 環境は、以下のようにしてタイトルの配置、タイトル名を指定します。

- itembox環境の書き方

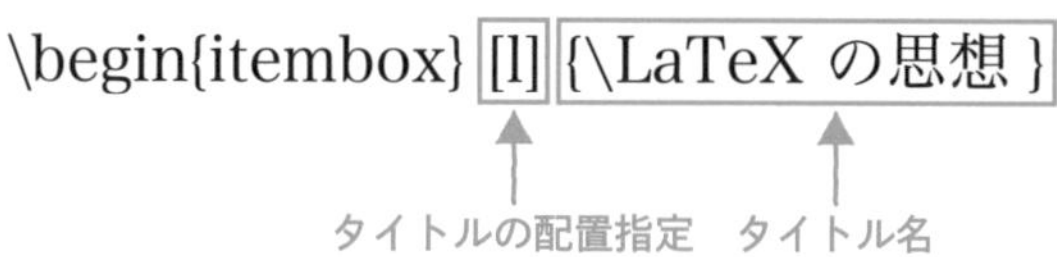

タイトル配置指定の [ ] の中身を以下のように書き換えると、タイトルの位置が変更できます。

- タイトル配置指定の方法

[ ] の中身	内容
l	タイトルを左寄りに配置
c	タイトルを中央に配置
r	タイトルを右寄りに配置

ちなみに、タイトル配置指定（[l] の部分）を省略することもできます。省略した場合、タイトルは自動的に中央に配置されます。全パターンでタイトルの配置が変わることを確かめてみてください。

◎ ページをまたぐことができる囲み

実はここまでで紹介した枠囲みには、欠点があります。以下のソースコードをCloud LaTeX に入力（もしくはサンプルファイルからコピー＆ペースト）してプレビューしてください。

- Sample3-8.tex

```
\documentclass{jsarticle}
\usepackage{ascmac}
\begin{document}
\section{\LaTeX の環境を使ってみよう。}
ちょっと長い文章を枠の中に書いてみましょう。
\begin{itembox}[l]{学問のすゝめ}
「天は人の上に人を造らず人の下に人を造らず」と言えり。されば天より人を生ずるには、万人は万人みな同じ位にして、生まれながら貴賤きせん上下の差別なく、万物の霊たる身と心との働きをもって天地の間にあるよろずの物を資とり、もって衣食住の用を達し、自由自在、互いに人の妨げをなさずしておのおの安楽にこの世を渡らしめ給うの趣意なり。
```

```
……中略……
 このたび余輩の故郷中津に学校を開くにつき、学問の趣意を記して旧ふるく交わりたる同郷の友人へ示さんがため一冊を綴りしかば、或る人これを見ていわく、「この冊子をひとり中津の人へのみ示さんより、広く世間に布告せばその益もまた広かるべし」との勧めにより、すなわち慶応義塾の活字版をもってこれを摺すり、同志の一覧に供うるなり。
\end{itembox}
\end{document}
```

プレビュー結果は以下のようになります。

● **収まりきらない枠**

プレビュー結果から、以下のようなことが起きているとわかります。

- **1 ページ目には枠（itembox）が収まりきらないので、次ページに移動している**
- **2 ページ目に枠が移動するも、収まりきらずにページからはみ出ている**

本来は枠が 2 つに分かれて、ページをまたぐように配置されるのが望ましいですが、残念ながらここまでに紹介した枠の方法ではこの「ページまたぎ」ができないのです。しかし、「ページまたぎ」をできる枠がないと、枠内に長い文章を書くことができず不便です。そこで、以下のソースコードのように eclbkbox.sty というスタイルファイルを読み込み、breakbox 環境を用いて解決します。

Sample3-9.tex

```
\documentclass{jsarticle}
\usepackage{ascmac}
\usepackage{eclbkbox}
\begin{document}
\section{\LaTeX の環境を使ってみよう。}
ちょっと長い文章を枠の中に書いてみましょう。
\begin{breakbox}
「天は人の上に人を造らず人の下に人を造らず」と言えり。されば天より人を生ずるには、万人は万人みな同じ位にして、生まれながら貴賤きせん上下の差別なく、万物の霊たる身と心との働きをもって天地の間にあるよろずの物を資とり、もって衣食住の用を達し、自由自在、互いに人の妨げをなさずしておのおの安楽にこの世を渡らしめ給うの趣意なり。
……中略……
　このたび余輩の故郷中津に学校を開くにつき、学問の趣意を記して旧ふるく交わりたる同郷の友人へ示さんがため一冊を綴りしかば、或る人これを見ていわく、「この冊子をひとり中津の人へのみ示さんより、広く世間に布告せばその益もまた広かるべし」との勧めにより、すなわち慶応義塾の活字版をもってこれを摺すり、同志の一覧に供うるなり。
\end{breakbox}
\end{document}
```

プレビュー結果は以下のようになります。

● ページをまたぐことができる枠

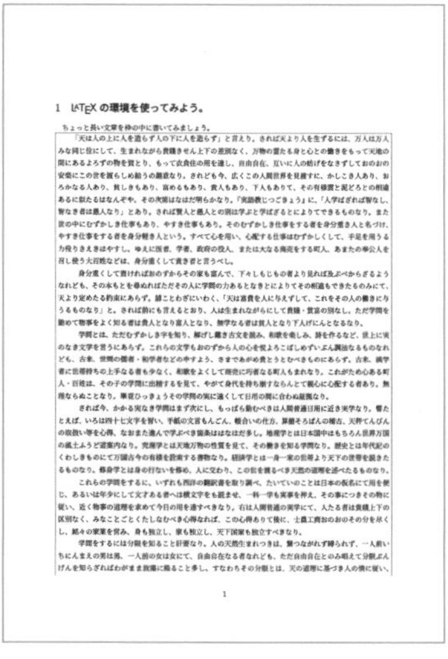

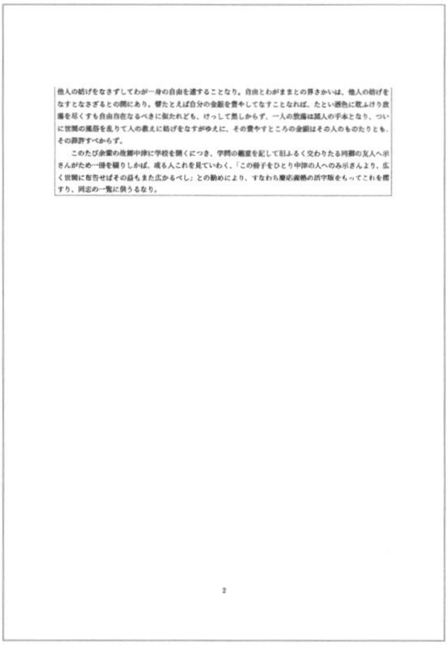

なお、残念ながらページをまたぐことができる枠にはデザインの種類はありません。ただ、筆者の経験上、そもそもページをまたぐ枠を使う必要に迫られることが少ないので、ほぼ困ることはないでしょう。

 2-2 文を箇条書きにする

- 箇条書きの方法、種類を理解する
- 箇条書きを使い分ける
- なぜ箇条書きには専用の環境を使うべきかを理解する

文を箇条書きにするときにも、専用の環境を用いると綺麗な箇条書きを実現できます。以下のソースコードを Cloud LaTeX に入力してプレビューしましょう。

Sample3-10.tex

```
\documentclass{jsarticle}
\begin{document}
\section{箇条書きを使ってみよう。}
3大栄養素は以下の3つです。
\begin{itemize}
\item
たんぱく質(protein)
\item
脂質(fat)
\item
炭水化物(carbohydrates)
\end{itemize}
この3大栄養素を摂取するバランスのことを、それぞれの英語の頭文字をとって\textbf{PFCバランス}と呼びます。
\end{document}
```

\begin{itemize}を追加

プレビュー結果は以下のようになります。

● 箇条書き

1　箇条書きを使ってみよう。

3 大栄養素は以下の 3 つです。

- たんぱく質 (protein)
- 脂質 (fat)
- 炭水化物 (carbohydrates)

この 3 大栄養素を摂取するバランスのことを、それぞれの英語の頭文字をとって **PFC バランス**と呼びます。

このように、**itemize 環境**を使うと箇条書きが実現できます。書き方は以下の通りで、各 \item が 1 つの項目を表しています。スタイルファイルの読み込みは不要です。

```
\begin{itemize}
\item
項目1
\item
項目2
\item
項目3
...
\end{itemize}
```

また、番号付きの箇条書きを作りたいときは、**enumerate 環境**を使います。以下のソースコードを Cloud LaTeX に入力してプレビューしましょう。

Sample3-11.tex

```
\documentclass{jsarticle}
\begin{document}
\section{箇条書きを使ってみよう。}
日本の人口が多い都道府県ランキングを 1 位から順に発表します。
\begin{enumerate}  ← \begin{enumerate}を追加
\item
東京都
\item
神奈川県
\item
大阪府
\end{enumerate}
\end{document}
```

プレビューの結果、以下のような番号付きの箇条書きになります。

● 番号付き箇条書き

1　箇条書きを使ってみよう。

日本の人口が多い都道府県ランキングを１位から順に発表します。

1. 東京都
2. 神奈川県
3. 大阪府

やや複雑な番号付き箇条書き

enumerate環境を使うと1、2、3……のような、一般的な番号付き箇条書きを実現できることがわかりました。もちろんこれだけでも大変便利ですが、少し違った番号付き箇条書きを使いたくなることもあります。例えば、以下のような箇条書きも「番号付き箇条書き」の一種です。

● **番号付き箇条書きの例**

(1) 東京都	(i) 東京都	第１位 東京都
(2) 神奈川県	(ii) 神奈川県	第２位 神奈川県
(3) 大阪府	(iii) 大阪府	第３位 大阪府

この機能を実現するためには、**enumerate.sty**というスタイルファイルを読み込み、**高機能版enumerate環境**を使用します。

Sample3-12.tex

```
\documentclass{jsarticle}
\usepackage{enumerate}    ← \usepackage{enumerate}を追加
\begin{document}
\section{箇条書きを使ってみよう。}
日本の人口が多い都道府県ランキングを１位から順に発表します。
\begin{enumerate}[第1位]    ← [第1位]を追加
```

```
\item
東京都
\item
神奈川県
\item
大阪府
\end{enumerate}
\end{document}
```

\usepackage{enumerate} の部分は先ほど説明したスタイルファイルの読み込みです。注目すべきは以下の部分です。

- enumerate環境

```
\begin{enumerate}[第1位]
        ⋮
```

このようにソースコードを変更すると、以下のように文書がプレビューされます。

- 箇条書きの形が変わる

1　箇条書きを使ってみよう。

日本の人口が多い都道府県ランキングを１位から順に発表します。

第１位 東京都
第２位 神奈川県
第３位 大阪府

高機能版 enumerate 環境を使うと、このように番号付き箇条書きのスタイルを自在に変更することができます。変更の方法は、以下のように 1、I、i、A、a を含む文字列を、\begin{enumerate} のあとに書くだけです。

```
\begin{enumerate}[問題(1)]
```

```
\begin{enumerate}[(i)]
```

```
\begin{enumerate}[I.]
```

```
\begin{enumerate}[a]
```

```
\begin{enumerate}[選択肢A.]
```

また、以下のように箇条書きの中に箇条書きを入れることもできます。ここではitemize環境の中にitemize環境を作っています。

Sample3-13.tex

```
\documentclass{jsarticle}
\begin{document}
\section{箇条書きを使ってみよう。}
学問は、さまざまな偉人たちにより作られています。
\begin{itemize}
\item
数学
  \begin{itemize}
    \item
    ピタゴラス
    \item
    オイラー
    \item
    ガウス
  \end{itemize}
\item
物理学
  \begin{itemize}
    \item
    ニュートン
    \item
    アインシュタイン
    \item
    ファインマン
  \end{itemize}
\end{itemize}
\end{document}
```

プレビュー結果は以下の通りです。

● 箇条書きの入れ子

1　箇条書きを使ってみよう。

学問は、さまざまな偉人たちにより作られています。

- 数学
  - ピタゴラス
  - オイラー
  - ガウス
- 物理学
  - ニュートン
  - アインシュタイン
  - ファインマン

2-3 文中の一定範囲の文字揃え

- 文字揃えの種類を理解する
- さまざまな文字揃えを試す

文中の一定範囲を文字揃え（中央揃え、右揃え、左揃え）するには、center 環境、flushright 環境、flushleft 環境を使います。各環境の役割は以下の通りです。

● 文字揃え環境

環境名	内容
center	中央揃え
flushright	右揃え
flushleft	左揃え

文字揃え環境を用いるときは、スタイルファイルを読み込む必要はありません。以下のソースコードを入力し、プレビューしましょう。

Sample3-14.tex

```
\documentclass{jsarticle}
\begin{document}
```

```
\section{文字揃えを使ってみよう。}
ピタゴラスは
\begin{center}
「万物は数なり」
\end{center}
と言ったそうです。

\begin{flushright}
2021年12月　山田 太郎
\end{flushright}
\end{document}
```

\begin{center}を追加

\begin{flushright}を追加

● 文字揃えのテスト

1　文字揃えを使ってみよう。

ピタゴラスは

「万物は数なり」

と言ったそうです。

2021 年 12 月　山田 太郎

2-4 プログラムのソースコード

POINT

- プログラムのソースコードはそのまま文中に挿入できないことを理解する
- 文書中にプログラムのソースコードを挿入する

プログラムのソースコードを挿入する

理系の大学や高専などでは、プログラミング言語の授業レポートなどで、文書中にプログラムのソースコードを挿入したい場面があります。そのような場合、何も考えずにプログラムのソースコードを文中に挿入しようとすると、うまくいきません。

例えば、以下はC言語というプログラミング言語のソースコードです。

main.c

```
#include<stdio.h>

int main(void){
  int i;
  int n;

  printf("回数を入力 > ");
  scanf("%d", &n);
  for(i=0; i<n; i++){
    printf("Hello LaTeX!!\n");
  }

  return 0;
}
```

このソースコードをLaTeX文書中に貼り付けます。以下をCloud LaTeXに入力し、プレビューしましょう。

Sample3-15.tex

```
\documentclass{jsarticle}
\begin{document}
\section{作成したプログラム}
以下に、C言語で作成したプログラムのソースコードを示します。

#include<stdio.h>

int main(void){
  int i;
  int n;

  printf("回数を入力 > ");
  scanf("%d", &n);
  for(i=0; i<n; i++){
    printf("Hello LaTeX!!\n");
  }

  return 0;
}

\end{document}
```

すると、エラーが発生してプレビューできないはずです。

エラーが発生する理由は、C 言語のソースコードの中にある特定の文字（例えば {, } など）が、LaTeX のソースコード中の文字とみなされ、LaTeX のソースコードとして正しくないと判断されているからです。これでは困ってしまいますね。

◎ 簡単に使えるverbatim環境

これを防ぐには、貼り付けたいソースコードを「ここからここまでは LaTeX のソースコードではないため、そのままの形で貼り付けてください」と LaTeX に教えてあげる必要があります。実現するには、該当部分を verbatim 環境で囲みます。スタイルファイルの読み込みは必要ありません。

Sample3-16.tex

```
\documentclass{jsarticle}
\begin{document}
\section{作成したプログラム}
以下に、C言語で作成したプログラムのソースコードを示します。
\begin{verbatim}          ← \begin{verbatim}を追加
#include<stdio.h>

int main(void){
  int i;
  int n;

  printf("回数を入力 > ");
  scanf("%d", &n);
  for(i=0; i<n; i++){
    printf("Hello LaTeX!!\n");
  }

  return 0;
}
\end{verbatim}
\end{document}
```

Cloud LaTeX でプレビューすると、以下のように表示されます。

● ソースコードが「そのまま」挿入される

```
1　作成したプログラム

　以下に、C 言語で作成したプログラムのソースコードを示します。

#include<stdio.h>

int main(void){
  int i;
  int n;

  printf("回数を入力 > ");
  scanf("%d", &n);
  for(i=0; i<n; i++){
    printf("Hello LaTeX!!\n");
  }

  return 0;
}
```

このように verbatim 環境は囲んだ範囲の文を**問答無用でそのままの形で表示する**という環境で、この例のようにプログラムのソースコードを貼り付けるために作られました。そのため、フォントもプログラムのソースコードらしいフォント（LaTeXのタイプライタ体）に自動で変更されます。枠で囲みたい場合は、itembox 環境や screen 環境などで囲みましょう。

◎ 詳細に形式を指定できるlstlisting環境

もう少しかっこよくプログラムのソースコードを文中に挿入するための環境に、**lstlisting 環境**があります。これを使うには、listings.sty を読み込む必要があります。

lstlisting 環境を使うと、ソースコードの書式をより詳細に指定して文中に挿入することができます。ただし、lstlisting 環境は日本語を含むソースコードに対応していないため、それを解消してくれる **jlisting.sty** というスタイルファイルを追加で読み込んで使用します。以下のようにセットで読み込みましょう。

```
\usepackage{listings, jlisting}
```

そして、あらかじめソースコードを挿入する際の書式を設定する以下のコードをプリアンブル部に挿入しておきます。このコードは毎回同じ内容で使うはずなので、どこかに保存して適宜コピー＆ペーストするとよいでしょう。

Sample3-17.tex

```
\lstset{language=C, %言語の設定
        basicstyle=\footnotesize,
        commentstyle=\textit,
        classoffset=1,
        keywordstyle=\bfseries,
    frame=tRBl,framesep=5pt,%
    showstringspaces=false,%
        numbers=left,stepnumber=1,numberstyle=\footnotesize%
    }%
```

コードを変えると書式を変えられますが、変えることがあるのはせいぜい「言語の設定」の部分くらいでしょう。他の部分は変えなくても問題ありません。lstlisting環境では、以下のように非常に幅広い言語のソースコードに対応しています。

- **lstlisting環境が対応している言語**

ABAP(R/2 4.3,R/2 5.0,R/3 3.1,R/3 4.6C,R/3 6.10)	ACM
ACMscript	ACSL
Ada(2005,83,95)	Algol(60,68)
Ant	Assembler(Motorola68k,x86masm)
Awk(gnu,POSIX)	bash Basic(Visual)
C(ANSI,Handel,Objective,Sharp)	C++(11,ANSI,GNU,ISO,Visual)
Caml(light,Objective)	CIL
Clean	Cobol(1974,1985,ibm)
Comal 80	command.com(WinXP)
Comsol	csh
Delphi	Eiffel
Elan	elisp
erlang	Euphoria
Fortran(03,08,77,90,95)	GAP
GCL	Gnuplot
Go	hansl
Haskell	HTML
IDL(empty,CORBA)	inform
Java(empty,AspectJ)	JVMIS
ksh	Lingo
Lisp(empty,Auto)	LLVM
Logo	Lua(5.0,5.1,5.2,5.3)

make(empty,gnu)	Mathematica(1.0,11.0,3.0,5.2)
Matlab	Mercury
MetaPost	Miranda
Mizar	ML
Modula-2	MuPAD
NASTRAN	Oberon-2
OCL(decorative,OMG)	Octave
OORexx	Oz
Pascal(Borland6,Standard,XSC)	Perl
PHP	PL/I
Plasm	PostScript
POV	Prolog
Promela	PSTricks
Python	R
Reduce	Rexx(empty,VM/XA)
RSL	Ruby
S(empty,PLUS)	SAS
Scala	Scilab
sh	SHELXL
Simula(67,CII,DEC,IBM)	SPARQL
SQL	Swift
tcl(empty,tk)	TeX(AlLaTeX,common,LaTeX,plain,primitive)
VBScript	Verilog
VHDL(empty,AMS)	VRML(97)
XML	XSLT

引用元：http://tug.ctan.org/tex-archive/macros/latex/contrib/listings/listings.pdf

あとは、以下のソースコードのように、lstlisting 環境で貼り付ければ完了です。Cloud LaTeX に入力し、プレビューしてください。

Sample3-18.tex

```
\documentclass{jsarticle}
\usepackage{listings, jlisting}
\lstset{language=C,%
        basicstyle=\footnotesize,%
        commentstyle=\textit,%
        classoffset=1,%
        keywordstyle=\bfseries,%
        frame=tRBl,framesep=5pt,%
```

```
        showstringspaces=false,%
        numbers=left,stepnumber=1,numberstyle=\footnotesize%
}%

\begin{document}
\section{作成したプログラム}
以下に、C言語で作成したプログラムのソースコードを示します。
\begin{lstlisting}
#include<stdio.h>

int main(void){
  int i;
  int n;

  printf("回数を入力 > ");
  scanf("%d", &n);
  for(i=0; i<n; i++){
    printf("Hello LaTeX!!\n");
  }

  return 0;
}
\end{lstlisting}
\end{document}
```

以下のようにプレビューされます。

● lstlisting環境を使ってソースコードを挿入

1　作成したプログラム

以下に、C 言語で作成したプログラムのソースコードを示します。

```
#include<stdio.h>

int main(void){
  int i;
  int n;

  printf("回数を入力 > ");
  scanf("%d", &n);
  for(i=0; i<n; i++){
    printf("Hello LaTeX!!\n");
  }

  return 0;
}
```

スタイリッシュに枠まで付いていて、しかも行番号も付いています。さらに、ソースコード内での int、void、return などの重要なキーワードが自動的に太字になっていることもわかります[※2]。

◎ jlisting.styは本来こんなに簡単に使うことはできない

プリアンブル部に \usepackage{listings, jlisting} と書くだけで、何事もなく日本語を含むソースコードを lstlisting 環境で扱えるようになりましたが、本来、jlisting.sty はこの方法ですぐに読み込むことはできず、自分でインターネット上からダウンロードしてこなければなりません。しかし、Cloud LaTeX には jlisting.sty が用意されているため、わざわざ調達する必要がなくすぐに使えるのです。

※2 このソースコードのハイライトを正しく行わせるためには、プリアンブル部の lstlisting の設定コードで、正しく言語を指定する必要があります。

3 練習問題

正解は 263 ページ

問題 3-1 ★☆☆

あなたの自己紹介を行う文書を、LaTeX で作成せよ。ただし、以下の機能をすべて 1 回以上ずつ使うこと。

- 文字装飾、フォントサイズ変更
- 文章の枠囲み
- 文章の位置揃え
- 箇条書き

問題 3-2 ★★☆

次のような文書を LaTeX でできる限り再現せよ。タイトルの日付は「今日の日付」を指定すること。

• 1ページ目

お酒についてのまとめ

山田 太郎

2022 年 1 月 19 日

- 2ページ目

目次

1 **日本で飲まれるお酒の種類** 2

2 **醸造酒と蒸留酒** 2

3 **甲類焼酎と乙類焼酎** 3

4 **日本の人気のお酒ランキング** 3

4.1 海外での人気のお酒 3

5 **まとめ** 3

1

● 3ページ目

1 日本で飲まれるお酒の種類

日本では、さまざまなお酒が日々楽しまれています。その種類には主に以下のようなものがあります。

- 日本酒
- 焼酎
  - 芋焼酎
  - 麦焼酎
  - 米焼酎 などなど
- ビール
- ワイン
  - 赤ワイン
  - 白ワイン
- ウイスキー
- カクテル
- サワー
- その他

このように、多種多様なお酒があります。

2 醸造酒と蒸留酒

前節で挙げたお酒は、大きく**醸造酒**と**蒸留酒**に分かれます。醸造酒と醸造酒は、それぞれ以下のように作られるお酒のことです。

醸造酒

穀類や果物などを発酵させて作る。

蒸留酒

醸造酒を蒸留して作る。

前節で挙げたお酒を醸造酒と蒸留酒に分類すると、以下のようになります。

- 醸造酒
  - 日本酒
  - ワイン
  - ビール
- 蒸留酒
  - 焼酎
  - ウイスキー
  - ジン、ウォッカなど

2

• 4ページ目

カクテル、サワーについては、焼酎ベースのお酒で作られることが大半なので、基本的には蒸留酒に分類されることが多いです。

3 甲類焼酎と乙類焼酎

焼酎はさらに、**甲類焼酎**と**乙類焼酎**に分類されます。

甲類焼酎

連続蒸留によって作られる、アルコール度数 36 パーセント以下の焼酎。

乙類焼酎

単式蒸留によって作られる、アルコール度数 45 パーセント以下の焼酎。

この分類は、日本における**酒税法**との関係で生まれたものです。

4 日本の人気のお酒ランキング

そんなさまざまなお酒ですが、日本の人気ランキングを発表しましょう。

日本で人気のお酒ランキング

第 1 位. ビール
第 2 位. 日本酒
第 3 位. ワイン（特に白ワイン）

4.1 海外での人気のお酒

海外では、国によって人気のお酒が異なりますが、アメリカではやはりビールが最も人気のお酒です。**「とりあえずビール」**という言葉が象徴するように、やはり世界中で愛されているのですね。

5 まとめ

お酒は時に人と人とのコミュニケーションを楽しく、円滑に彩ってくれますが、飲み過ぎによるトラブル、健康被害も多数報告されています。

お酒は楽しく、ほどほどに！

これを肝に銘じて、楽しくお酒と付き合っていきましょう。

3

4日目

数式

① 数式
② 練習問題

1 数式

- LaTeX の最強機能「数式」の扱い方を理解する
- 数式内で用いるさまざまな記号を理解する
- 実際にいろいろな数式を書いてみる

1-1 数式をテキストで書く難しさ

- テキストだけで数式を表現することは難しいことを理解する
- LaTeX が数式を美しく表現するための最善の方法であることを理解する

LaTeX の最強機能である「数式」

LaTeX の強みはなんといっても**数式**です。理系の大学でレポートや論文を書くときには、文書中に数式を挿入する必要に迫られることが多々あります。LaTeX は、そのような「数式混じり」の文書を作成するときにこそ、真価を発揮します。

私たちは通常、キーボードでテキストを入力することによりさまざまな情報を文中にアウトプットします。しかし、単なるテキストだけで多種多様な数式を表現するのは非常に難しいです。というのも、例えば以下の複雑な数式をテキストで表現することを考えてみます。

● **複雑な数式**

$$\sum_{k=1}^{\infty} \frac{1}{k^2} = \frac{\pi^2}{6}$$

これをテキストで表現するには、おそらく以下のような非常に見づらく、わかりにくい方法を使わざるを得ません[※1]。

```
Σ(k=1〜∞) 1/k^2 = π^2/6
```

数式では横方向だけではなく縦方向にもさまざまな記号が配置されます。さらには、その記号も多種多様で、テキストで表現するのは至難の業です。しかし、LaTeX を使えば**複雑な数式でも非常に美しく、しかも簡単に表現**できます。今は細かいことは気にせずに、以下のソースコードを Cloud LaTeX に入力し、プレビューしてください。

Sample4-1.tex

```
\documentclass{jsarticle}
\begin{document}
\[ \sum_{k=1}^{\infty} \frac{1}{k^2} = \frac{\pi^2}{6} \]
\end{document}
```

以下のような数式がプレビューされます。

● LaTeXで書いた複雑な数式

$$\sum_{k=1}^{\infty} \frac{1}{k^2} = \frac{\pi^2}{6}$$

まるで教科書に載っているような、非常に美しいフォルムの数式が現れました。この数式の美しさこそ、LaTeX の真髄といわれています。例えば Word には「数式エディタ」という数式を表現する専用のツールが搭載されており、それを使えばそれなりに綺麗な数式を表現できますが、LaTeX で書いた数式の美しさには敵わないというのが筆者の感想です。

実際、日本のみならず世界中で、大学で使う参考書や研究論文は LaTeX を使って書かれていることが非常に多く、Word が大きな勢力を持つこの時代でも、LaTeX は世界標準の理系文書組版システムとして、広く使われています。そして今後もそれが続くと考えられます。

LaTeX を使って自在に数式を表現するには少し練習が必要ですが、手を動かしさえすればすぐに慣れます。筆者は手で数式を書くよりも LaTeX で数式を書くほうが早

※1 Σは「しぐま」、∞は「むげん」、πは「ぱい」を変換すると出てきます。

いというくらい、覚えれば大変便利な機能なので、ぜひ皆さんも LaTeX の流儀で数式を自在に操りましょう。

1-2 数式環境

POINT

- 数式環境（数式モード）を理解する
- インライン数式とディスプレイ数式の違いを理解する

インライン数式とディスプレイ数式

文中に数式を挿入するときは「ここからここまでが数式です」と指定する必要があります。数式だと指定される範囲のことを**数式環境**または**数式モード**と呼びます。

用語

数式環境（数式モード）
数式だと指定される範囲

数式の表示方法は 2 つあります。1 つは文中に数式を挿入する**インライン数式**、もう 1 つは別行立てで数式を表示する**ディスプレイ数式**です。

用語

インライン数式
文中に数式を挿入する方法
ディスプレイ数式
別行立てで数式を表示する方法

違いを理解するために、以下のソースコードを Cloud LaTeX に入力し、プレビューしてください。数式の書き方は、今はまだわからなくてもかまいません。

Sample4-2.tex

```
\documentclass{jsarticle}
\begin{document}
2次方程式$ax^2 + bx + c = 0\ (a \neq 0)$の解は、以下のように表されます（2次方程式の解の公式）。
\[ x = \frac{-b \pm \sqrt{b^2 - 4ac}}{2a} \]
\end{document}
```

プレビュー結果は以下のようになります。

• インライン数式とディスプレイ数式

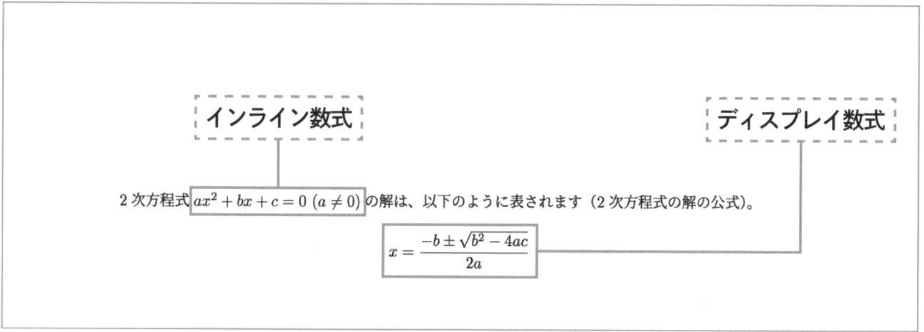

実際の文書で見てみると、インライン数式とディスプレイ数式の違いは一目瞭然です。LaTeX では 2 つの数式のモードを使い分けながら文書作成を進めます。

◎ インライン数式

それでは、実際の文中に数式を挿入する方法を見てみましょう。方法は非常に簡単で、文中でインライン数式としたい部分を $ または \(と \) で囲むだけです。

以下のソースコードを Cloud LaTeX に入力し、プレビューしてください。

Sample4-3.tex

```
\documentclass{jsarticle}
\begin{document}
\section{オイラーの公式}
かの有名なレオンハルト・オイラーは、オイラーの公式$e^{ix} = \cos{x} + i\sin{x}$を証明しました。
ここで、$e$はネイピア数、$i$は虚数単位を表します。
\end{document}
```

（4行目の「$e^{ix} = \cos{x} + i\sin{x}$」に → $を追加）
（5行目の「e」「i」に → $を追加）

このソースコードでは、インライン数式の部分を $ で囲んでいます。以後本書では、インライン数式は $ で囲むことに統一します。

プレビュー結果は以下のようになります。

• **インライン数式**

1　オイラーの公式

かの有名なレオンハルト・オイラーは、オイラーの公式 $e^{ix} = \cos x + i \sin x$ を証明しました。ここで、e はネイピア数、i は虚数単位を表します。

$ で囲んだ部分が、プレビュー結果の文書では数式の書体になっていることがわかります。

◎ディスプレイ数式

文中にディスプレイ数式を挿入するときは、\[と \] で囲むか、\begin{equation} と \end{equation} で囲んで挿入します。本書では \[と \] で囲む方法で進めます。以下のソースコードを Cloud LaTeX に入力し、プレビューしてください。

Sample4-4.tex

```
\documentclass{jsarticle}
\begin{document}
\section{オイラーの公式}
かの有名なレオンハルト・オイラーは、オイラーの公式
\[e^{ix} = \cos{x} + i\sin{x}\]
を証明しました。ここで、$e$はネイピア数、$i$は虚数単位を表します。
\end{document}
```

← \[と\]を追加

プレビュー結果は以下のようになります。

● ディスプレイ数式

1　**オイラーの公式**

かの有名なレオンハルト・オイラーは、オイラーの公式

$$e^{ix} = \cos x + i \sin x$$

を証明しました。ここで、e はネイピア数、i は虚数単位を表します。

数式が別の行に表示されました。強調したい重要な数式などは、ディスプレイ数式で挿入することが多いです。ちなみに、かつてはディスプレイ数式を挿入する際に「$$ と $$ で囲む」という方法もよく使われていましたが、現在は推奨されていないので使わないようにしましょう。

1-3 数式を書く練習

POINT

- 例題を通じてさまざまな数式を書けるようになる
- 一覧表を使って必要な命令を引けるようになる

手を動かして練習する

それではここから、数式を自在に書けるようになるための練習をしましょう。世の中には多種多様な数式があり、LaTeX ではそれらを表現するためのさまざまな道具が用意されているので、1 つひとつの命令をすべて暗記するのは不可能です。

そのため、ここでは特に用いることの多い数式に関連する命令や記号に的を絞り、さらには「手を動かして練習をする」ことで、数式を書く能力を身に付けましょう。また、必要になった命令をその場で調べるための一覧表の使い方も紹介します。

添字と指数

a_0 や x_i などのように、文字の右下に小さく付いた数字や文字のことを**添字（そえじ）**と呼びます。また、x^2 や p^n のように文字の右上に小さく付いた文字や数字のことを**指数**と呼びます。LaTeX では、添字は **_**（アンダースコア）、指数は **^**（ハット）を使って簡単に表現できます。

用語

添字
文字の右下に小さく付いた数字や文字
指数
文字の右上に小さく付いた数字や文字

● 添字と指数

	ソースコード	プレビュー結果
添字	a_{n}	a_n
指数	a^{n}	a^n

添字が 1 文字のときは、{} を省略して a_n や a^n のように書くこともできます。

例題 4-1 ★☆☆

以下を再現しなさい。

> LaTeX を使って添字を表示します。
> $$x_{123}$$
> 続けて、指数を表示します。
> $$a^i$$

解答例と解説

x_{123}の部分が別行立てとなっているため、ディスプレイ数式で記述します。

Sample4-5.tex

```
\documentclass{jsarticle}
\begin{document}
\LaTeX を使って添字を表示します。
\[ x_{123} \]
続けて、指数を表示します。
\[ a^i \]
\end{document}
```

分数

$\frac{1}{2}$ や $\frac{x^2+x+1}{x+1}$ のような分数は、LaTeXでは \frac{分子}{分母} のように表します[※2]。

- 分数

	ソースコード	プレビュー結果
添字	\frac{m}{n}	$\frac{m}{n}$

分子と分母がともに 1 桁の数字、例えば \frac{1}{2} のような場合は、{ } を省略して \frac12 のように書くこともできます。

※ 2 分数は英語で fraction なので、頭の 4 文字をとって frac です。

例題 4-2

以下を再現しなさい。

以下の分数は、円周率の近似値として知られています。

$$\frac{22}{7}, \frac{355}{113}$$

以下のように、分子、分母に分数を持つ分数のことを**繁分数**と呼びます。

$$\frac{1}{1+\frac{1}{x}}$$

解答例と解説

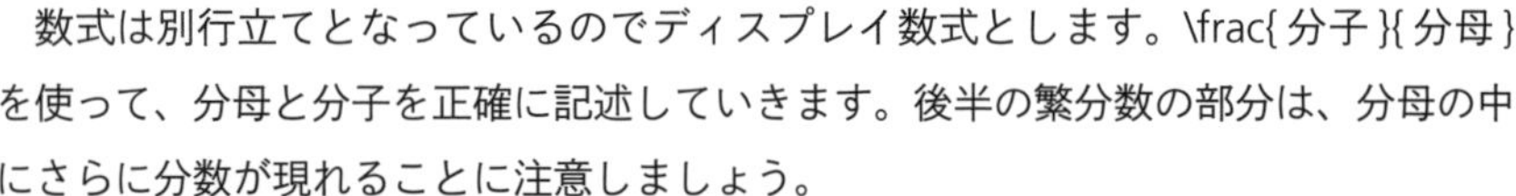

数式は別行立てとなっているのでディスプレイ数式とします。\frac{分子}{分母}を使って、分母と分子を正確に記述していきます。後半の繁分数の部分は、分母の中にさらに分数が現れることに注意しましょう。

Sample4-6.tex

```
\documentclass{jsarticle}
\begin{document}
以下の分数は、円周率の近似値として知られています。
\[ \frac{22}{7}, \frac{355}{113} \]
以下のように、分子、分母に分数を持つ分数のことを\textbf{繁分数}と呼びます。
\[ \frac{1}{1 + \frac{1}{x}} \]
\end{document}
```

\frac はインライン数式で書いたときに少し潰れて表示されることに注意しましょう。以下のソースコードをプレビューすると一目瞭然です。

Sample4-7.tex

```
\documentclass{jsarticle}
\begin{document}
インライン数式で$\frac{1}{2}$と書いたときと、ディスプレイ数式として
\[ \frac{1}{2} \]
と書いたときは、このように表示が少し変わってしまいます。
\end{document}
```

● インライン数式の分数は潰れて表示される

> インライン数式で $\frac{1}{2}$ と書いたときと、ディスプレイ数式として
>
> $$\frac{1}{2}$$
>
> と書いたときは、このように表示が少し変わってしまいます。

インライン数式で行中に分数を埋め込むときにも分数を潰さずに表示したい場合は、\frac の代わりに \dfrac を使います。スタイルファイル amsmath.sty を読み込む必要があります。

Sample4-8.tex

```
\documentclass{jsarticle}
\usepackage{amsmath}
\begin{document}
インライン数式でも$\dfrac{1}{2}$のように、潰さずに分数を表現できます。ディスプレイ数式
\[ \frac{1}{2} \]
と全く同じ表示になっていますね。
\end{document}
```

プレビューすると、以下のようになります。

● dfracを使うと潰れない

> インライン数式でも $\dfrac{1}{2}$ のように、潰さずに分数を表現できます。ディスプレイ数式
>
> $$\frac{1}{2}$$
>
> と全く同じ表示になっていますね。

根号（ルート）

2 乗して a になる数のうち、正のほうを $\sqrt{a}$ と書くことは中学校で習いますが、これを 根号（ルート）と呼びます。LaTeX では根号を \sqrt で表します※3。

※ 3 通常のルートのことを英語では square root と呼ぶので、4 文字を抜き出して sqrt です。

• 根号

	ソースコード	プレビュー結果
根号（ルート）	\sqrt{a}	$\sqrt{a}$

$\sqrt{a}$ は 2 乗して a となる数（の正のほう）を表しますが、これを拡張して、例えば 3 乗して a となる数のことを $\sqrt[3]{a}$、4 乗して a となる数（の正のほう）を $\sqrt[4]{a}$ と表し、a の **3 乗根**、**4 乗根** と呼びます。LaTeX ではこれらを \sqrt[3]{a}, \sqrt[4]{a} と表します。

• n 乗根

	ソースコード	プレビュー結果
n乗根	\sqrt[n]{a}	$\sqrt[n]{a}$

 例題 4-3 ★☆☆ 

以下を再現しなさい。

> $x^2 = 2$ の 2 つの解は、
> $$\sqrt{2}, -\sqrt{2}$$
> です。また、$x^3 = 2$ の解は、
> $$\sqrt[3]{2}$$
> の 1 つだけです。

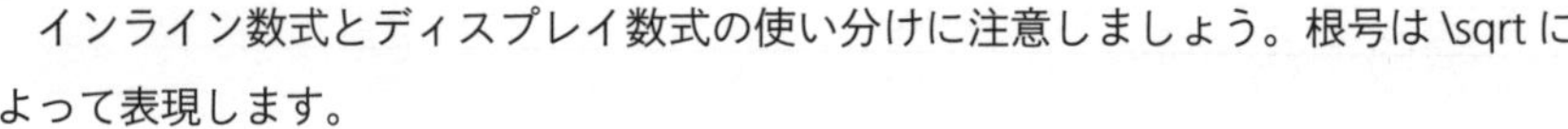

インライン数式とディスプレイ数式の使い分けに注意しましょう。根号は \sqrt によって表現します。

• Sample4-9.tex

```
\documentclass{jsarticle}
\begin{document}
$x^2 = 2$の2つの解は、
\[ \sqrt{2}, -\sqrt{2} \]
です。また、$x^3 = 2$の解は、
\[ \sqrt[3]{2} \]
の1つだけです。
\end{document}
```

総和記号（シグマ記号）

総和記号$\sum$は、LaTeXでは \sum_{ 下付き文字 }^{ 上付き文字 } を使って表します[※4]。スタイルファイル amsmath.sty を読み込む必要があります。

• 総和記号（シグマ記号）

	ソースコード	プレビュー結果
総和記号	\sum_{k=1}^{N}k	$\displaystyle\sum_{k=1}^{N}k$
総和記号 （上付き文字を省略）	\sum_{k}k	$\displaystyle\sum_{k}k$
総和記号 （上下付き文字を省略）	\sum	$\displaystyle\sum$

以下のソースコードを Cloud LaTeX に入力し、プレビューしましょう。

• Sample4-10.tex

```
\documentclass{jsarticle}
\usepackage{amsmath}
\begin{document}
総和記号を表示してみましょう。
\[ \sum_{k=1}^{N} k \]
また、総和記号はインライン数式では$\sum_{k=1}^{N}k$のように、少し潰れて表示されます。上付き、下付き文字も場所が少し右にずれていますね。上下付き文字を以下のように省略することもできます。
```

※ 4 sum は「和（足し算）」という意味です。

```
\[ \sum_{k}k, \sum \]
\end{document}
```

プレビュー結果は以下のようになります。

● **総和記号（シグマ記号）**

総和記号を表示してみましょう。

$$\sum_{k=1}^{N} k$$

また、総和記号はインライン数式では $\sum_{k=1}^{N} k$ のように、少し潰れて表示されます。上付き、下付き文字も場所が少し右にずれていますね。上下付き文字を以下のように省略することもできます。

$$\sum_{k} k, \sum$$

例題 4-4 ★★☆

以下を再現しなさい。なお数式環境の中では、∞は \infty、π は \pi で表示できる。

1 バーゼル問題

レオンハルト・オイラーは、以下の無限和についての結果を得ました。

$$\sum_{k=1}^{\infty} \frac{1}{k^2} = \frac{\pi^2}{6}$$

この無限和の値は長きにわたり知られておらず、**バーゼル問題**と呼ばれていました。しかし、この「有理数の無限和に無理数である π が現れる」という驚きの結果により見事解決されたのです。

解答例と解説

総和記号の書き方はやや複雑ですが、まずは書き方の正解を見ながら、1 つずつ再現してみてください。また、∞と π が数式の中に現れますが、必ず \infty、\pi を数式環境内に書くことで再現しましょう。

Sample4-11.tex

```
\documentclass{jsarticle}
\usepackage{amsmath}
\begin{document}
\section{バーゼル問題}
\textbf{レオンハルト・オイラー}は、以下の無限和についての結果を得ました。
\[ \sum_{k=1}^{\infty} \frac{1}{k^2} = \frac{\pi^2}{6} \]
この無限和の値は長きにわたり知られておらず、\textbf{バーゼル問題}と呼ばれていました。しかし、この「有理数の無限和に無理数である$\pi$が現れる」という驚きの結果により見事解決されたのです。
\end{document}
```


◎ 全角文字の特殊記号は使用しない

数式の中に∞やπといった、数学で用いる特殊な記号が現れました。これらの記号は、「むげん」「ぱい」と入力して変換すると、全角文字を入力することができます。しかし、**LaTeX では特殊な記号の表示に対応する専用の命令がほぼ確実に用意されている**ため、これらの命令を使うようにし、「全角文字の特殊記号」を使うべきではありません。

次に示す悪い例のように、数式中に全角の特殊記号を入力するのではなく、専用の命令を使うことを徹底しましょう。特殊記号の詳しい内容は後述します。

- **悪い例**

```
\[ \sum_{k=1}^{∞} \frac{1}{k^2} = \frac{π^2}{6} \]
```

- **よい例**

```
\[ \sum_{k=1}^{\infty} \frac{1}{k^2} = \frac{\pi^2}{6} \]
```

特殊記号を表示したいときは全角の特殊記号を入力するのではなく、専用の命令を使いましょう。

積分記号

積分記号は、**\int_{ 下付き文字 }^{ 上付き文字 }** で表示できます※5。

※ 5 積分記号は英語で integral なので、頭の 3 文字をとって int です。

- **積分記号**

	ソースコード	プレビュー結果
積分記号	\int_{a}^{b} f(x)dx	$\int_{a}^{b} f(x)dx$
積分記号 （上付き文字を省略）	\int_{D} f(x)dx	$\int_{D} f(x)dx$
積分記号 （上下付き文字を省略）	\int f(x)dx	$\int f(x)dx$

また、多重積分や周回積分も簡単に表示できます。これらの中にはamsmath.styの読み込みが必要なものとそうでないものがありますが、無用なエラーに悩まされないために、ひとまず読み込んでおくとよいでしょう。

- **応用的な積分記号（上下付き文字は省略可能）**

	ソースコード	プレビュー結果
2重積分	\iint_{D} f(x,y)dxdy	$\iint_{D} f(x,y)dxdy$
3重積分	\iiint_{D} f(x,y,z)dxdydz	$\iiint_{D} f(x,y,z)dxdydz$
周回積分	\oint_{C} f(z)dz	$\oint_{C} f(z)dz$
多重積分（積分範囲付き／3重積分以降も同様）	\int_{a}^{b} \int_{c}^{d} f(x,y)dxdy	$\int_{a}^{b} \int_{c}^{d} f(x,y)dxdy$

例題 4-5 ★★☆

以下を再現しなさい。

1 定積分と不定積分

関数 $y = f(x)$ のグラフと、$x = a, x = b\ (a < b)$ の 2 直線と x 軸で囲まれた領域の面積を S とするとき、S は以下のような**定積分**により求められます。

$$S = \int_{a}^{b} f(x)dx$$

定積分の計算の中には、$f(x)$ の**原始関数** $F(x)$ が現れます。この原始関数を求める計算を効率的に表すために、**不定積分**がよく用いられます。

$$\int f(x)dx = F(x) + C$$

ただし、C は積分定数です。

2 さまざまな積分

この積分という計算は他にもさまざまな種類に拡張されます。例えば、以下の 2 重積分では、$x = a, x = b, y = c, y = d$ の 4 直線と xy 平面、$z = f(x, y)$ のグラフ（曲面）で囲まれた部分の体積 V が求められます。

$$V = \int_{c}^{d} \int_{a}^{b} f(x, y)dxdy$$

また、閉曲線 C に沿って関数 $w = f(z)$ を連続的に足し合わせた値は、以下の周回積分により求められます。

$$\oint_{C} f(z)dz$$

主に複素関数論でこのような積分が現れます。

解答例と解説

数式だけに気を取られず、見出しなども専用の方法を使って再現しましょう。積分記号の書き方は一見複雑ですが、総和記号の書き方と似ているので、意外とあっさり書けるはずです。

Sample4-12.tex

```
\documentclass{jsarticle}
\begin{document}
\section{定積分と不定積分}

関数$y=f(x)$のグラフと、$x=a, x=b\ (a<b)$の2直線と$x$軸で囲まれた領域の面積を$S$とするとき、$S$は以下のような\textbf{定積分}により求められます。
\[ S = \int_{a}^{b} f(x) dx \]
定積分の計算の中には、$f(x)$の\textbf{原始関数}$F(x)$が現れます。この原始関数を求める計算を効率的に表すために、\textbf{不定積分}がよく用いられます。
\[ \int f(x)dx = F(x) + C \]
ただし、$C$は積分定数です。

\section{さまざまな積分}
```

```
この積分という計算は他にもさまざまな種類に拡張されます。例えば、以下の2重積分では、$x=a,x=b, y=c,y=d$の4直線と$xy$平面、$z = f(x,y)$のグラフ（曲面）で囲まれた部分の体積$V$が求められます。
\[ V = \int_{c}^{d} \int_{a}^{b} f(x,y)dxdy \]

また、閉曲線$C$に沿って関数$w=f(z)$を連続的に足し合わせた値は、以下の周回積分により求められます。
\[ \oint_{C} f(z)dz \]
主に複素関数論でこのような積分が現れます。
\end{document}
```

◎「LaTeX感覚」を身に付けよう

総和記号を表す \sum と、積分記号を表す \int は、上付き、下付きの文字の書き方が似ていることに気づきましたか？　下記に示すように、どちらも _ が下付き文字、^ が上付き文字を表す記号であるという共通点があります。

```
\sum_{下付き文字}^{上付き文字}
```

```
\int_{下付き文字}^{上付き文字}
```

実は LaTeX のさまざまな命令には、このように**常に共通した意味で使われる記法**が多数存在します。そして、これらの記法の意味を知っていれば、それぞれの記法を詳しく知らなくても想像で数式を書けるようになるという大きなメリットが得られます。例えば以下の数式は、数学で「数列の極限」を表す式です。

● 数列の極限を表す式

$$\lim_{n \to \infty} a_n = a$$

この記法は本書で解説していませんが、以下のように想像できるはずです（→は \to で表示できます）。

- **おそらく、\lim という専用の命令があるのだろう**
- **n →∞は \lim の下付きなので、\lim_{n \to \infty} と書くのだろう**

次のソースコードをコンパイルしてプレビューすると、先ほどの式が表示されます。

```
\[ \lim_{n \to \infty} a_n = a \]
```

このように、「おそらくLaTeXではこのような命令があるのだろう」「おそらくこう書けば求めている数式が書けるだろう」という感覚のことを筆者は**LaTeX感覚**と呼んでいます。この感覚が身に付けば、さまざまな数式を自由に表現できるようになります。LaTeXで用意されている命令はあまりに膨大なので、すべてを本書で紹介することはできませんが、LaTeX感覚をつかんで数式を表現できるようになれば、「わざわざ調べる」機会を大幅に減らせるので、そこを目指していきましょう。

◉ esint.styパッケージ

ここまでさまざまな積分記号を紹介しましたが、esint.styというパッケージを読み込むと、以下のような多彩な積分記号を表現できます。

● esint.styで使える積分に関する命令

ソースコード	プレビュー結果
\int	$\int$
\iint	$\iint$
\iiint	$\iiint$
\iiiint	$\iiiint$
\idotsint	$\idotsint$
\oint	$\oint$
\oiint	$\oiint$
\varoiint	$\varoiint$
\sqint	$\sqint$

ソースコード	プレビュー結果
\sqiint	$\sqiint$
\ointctrclockwise	$\ointctrclockwise$
\ointclockwise	$\ointclockwise$
\varointclockwise	$\varointclockwise$
\varointctrclockwise	$\varointctrclockwise$
\fint	$\fint$
\landupint	$\landupint$
\landdownint	$\landdownint$

本書では「必要になることが多い」命令をピックアップして、「必要十分な内容」だけを収録することを心がけています。もし、本書で紹介した内容で不足が生じた場合は、インターネットなどで調べて必要な命令を引き出すスキルもLaTeXでは非常に重要です。

数式内に現れるさまざまな特殊記号

数式の中には、さまざまな特殊記号が現れます。LaTeXでは特殊記号を表す専用の命令が多種多様に準備されており、それらを使ってさまざまな数式を美しく表現します。例えば、すでに登場した\inftyなどはその一例です。

◎ギリシャ文字

数式では、ギリシャ文字がよく使われます。ギリシャ文字を数式内に挿入するときは、必ず以下の専用の命令を使いましょう。

● ギリシャ文字の一覧

出力	入力	出力	入力	出力	入力
α	\alpha	β	\beta	γ	\gamma
δ	\delta	ϵ	\epsilon	ε	\varepsilon
ζ	\zeta	η	\eta	θ	\theta
ϑ	\vartheta	ι	\iota	κ	\kappa
λ	\lambda	μ	\mu	ν	\nu
ξ	\xi	o	o	π	\pi
ϖ	\varpi	ρ	\rho	ϱ	\varrho
σ	\sigma	ς	\varsigma	τ	\tau
υ	\upsilon	ϕ	\phi	φ	\varphi
χ	\chi	ψ	\psi	ω	\omega
Γ	\Gamma	Λ	\Lambda	Σ	\Sigma
Ψ	\Psi	Δ	\Delta	Ξ	\Xi
Υ	\Upsilon	Ω	\Omega	Θ	\Theta
Π	\Pi	Φ	\Phi	$\sum$	\sum
$\prod$	\prod				

◎数学記号

数式の中には、数学特有の記号がよく現れます。これらを数式内に挿入するときも、必ず専用の命令を使いましょう。

数学記号はあまりにも多いため、巻末に一覧表を収録しました。必要な記号は、適宜巻末の一覧表を参照しながら入力してください※6。また、今後はひとまず amsmath.sty をプリアンブル部で読み込んでおくと、たいていの場合は事足ります。

◎その他特殊記号

その他の特殊記号も、LaTeX で用意されている命令を使いましょう（巻末参照）。

◎定義済み関数

数式の中にはさまざまな関数が現れます。例えば、高校や大学の授業で習う以下のような関数に見覚えがある方は多いでしょう。

● さまざまな関数

$$\sin x,\ \cos x,\ \tan x,\ \log x,\ \log_a x,\ \lim_{n\to 0} a_n,\ \exp x,\ \ldots$$

これらの関数を数式内に挿入するとき、以下のように書くのはよくある間違いです（$\sin x$ の例）。

```
\[ sinx \]
```

このソースコードは、プレビューすると以下のように表示されます。

● 誤った関数の例

$$sinx$$

sin の部分がイタリック体になってしまっていますね。これは LaTeX の作法としては不適切なのです。というのも、数式では「変数（x や y など）はイタリック体」、「関数名や単位は直立体（まっすぐなフォント）」で書くというルールがあるからです。

※6 巻末の一覧表をもってしても、LaTeX で使えるすべての命令は網羅していません。LaTeX には膨大な数の命令があるので、普段必要になる命令を認識しておくことが重要です。

注意

数式では変数はイタリック体、言葉や単位は直立体で書きます。

それはつまり、この数式は「サイン x 」ではなく、「s かける i かける n かける x」のように見えてしまうのです。正しくは、以下のように \sin という専用の命令を使ってソースコードを書く必要があります。

```
\[ \sin{x} \]
```

プレビュー結果は以下のようになります。sin の部分は直立体になり、x の部分はイタリック体になり、さらに sin と x の間に適切なスペースが挿入されています。スタイリッシュかつ、数学的な意味も正しいです。

● 正しい関数の例

$$\sin x$$

◎ 理系文書のルール 〜守っていない人がかなり多い！〜

理系学生のレポートや論文などでも、先ほど述べた「変数はイタリック体」、「言葉や単位は直立体」というルールを守っていないケースはかなり多く散見されます。例えば、以下の文書の「ルール違反」に気づけるでしょうか？

● ルール違反を含む文書

··· ここでは l=10.0 [km] としてシミュレーションを行った。···

正しくは、l=10 の部分を数式環境で囲んでイタリック体にしなければなりません。「そんな細かいこと、気にしなくても……」と感じる人も多いのかもしれません。しかし、理系文書においてはこのあたりのルールは「厳密に意識する」必要があります。徹底していきましょう。

◉ log系の関数とlim系の関数

LaTeX ではたくさんの定義済み関数が扱えますが、これらは大きく 2 つに分類されます。1 つは「log 系」の定義済み関数、もう 1 つは「lim 系」の定義済み関数です。

定義済み関数 \log は、添字が右下に付きます。

- 定義済み関数\log

\log_{a}{x} → $\log_a x$

このように、「添字が右下に付く」タイプの定義済み関数は log 型と呼ばれます。

また、定義済み関数 \lim は、添字が真下に付きます。

- 定義済み関数\lim

\lim_{n \to 0}{a_n} → $\lim_{n \to 0} a_n$

このように、「添字が真下に付く」タイプの定義済み関数は lim 型と呼ばれます。

用語

log 型

添字が右下に付く定義済み関数

lim 型

添字が真下に付く定義済み関数

LaTeX の定義済み関数は、log 型か lim 型のいずれかに分類され、下付き添字を付けたときの場所がこのどちらに属するかで異なります。

- 定義済み関数の分類

log型	lim型
\log、\sin、\cos、\tan、\exp など	\lim、\max、\min、\sup、\inf など

例題 4-6 ★★☆

以下を再現しなさい。

1　よく使う初等関数

以下の 3 つの関数をあわせて、**三角関数**と呼びます。

$$\sin x, \cos x, \tan x$$

また、以下の**指数関数**や**対数関数**もよく使われます。

$$\exp x, \log x$$

$\exp x$ は e^x のことで、e はネイピア数です。また、$\log x$ は $\exp x$ の逆関数です。一般の底 $a(a > 0)$ を持つ指数関数 a^x の逆関数は、以下のように表します。

$$\log_a x$$

2　三角関数の無限級数による定義

大学以降では、三角関数を無限級数（無限和）により定義することがあります。例えば、$\sin x$ は

$$\sin x = \lim_{n \to \infty} \sum_{k=0}^{n} \frac{(-1)^k}{(2k+1)!} x^{2k+1}$$

のように定義されます。

解答例と解説

sin、cos、tan、exp、log などは、sin、cos などのように数式環境の中にそのまま入力するのではなく、必ず定義済み関数 \sin、\cos、\tan、\exp、\log を使いましょう。後半に現れる総和記号が絡んだ式は、今までの知識を総動員すれば再現できるはずです。

Sample4-13.tex

```
\documentclass{jsarticle}
\begin{document}
\section{よく使う初等関数}
以下の3つの関数をあわせて、\textbf{三角関数}と呼びます。
\[ \sin{x}, \cos{x}, \tan{x} \]
また、以下の\textbf{指数関数}や\textbf{対数関数}もよく使われます。
\[ \exp{x}, \log{x} \]
$\exp{x}$は$e^x$のことで、$e$はネイピア数です。また、$\log{x}$は$\exp{x}$の逆関数です。一般の底$a(a>0)$を持つ指数関数$a^x$の逆関数は、以下のように表します。
```

```
\[ \log_{a}{x} \]

\section{三角関数の無限級数による定義}
大学以降では、三角関数を無限級数（無限和）により定義することがあります。例えば、$\sin{x}$は
\[ \sin{x} = \lim_{n \to \infty} \sum_{k=0}^{n} \frac{(-1)^{k}}{(2k+1)!} x^{2k+1} \]
のように定義されます。
\end{document}
```


◎ 自作関数の定義

定義済み関数の中に用意されていない関数は、簡単に自作することができます。関数の自作には、\DeclareMathOperator という命令をプリアンブル部に記載します。ただし、これを使うには amsmath.sty が必要です。

• log型の関数を定義する

例えば、以下の grad という関数は、定義済み関数としては事前に用意されていません。

• grad

$$\operatorname{grad}_x f(x)$$

このような、添字が右下に付く「log型」の関数を作るときは、\DeclareMathOperator{\ 関数名 }{ 実際の表示内容 } を以下のようにプリアンブル部に追記してください。

Sample4-14.tex

```
\documentclass{jsarticle}
\usepackage{amsmath}
\DeclareMathOperator{\grad}{grad}
\begin{document}
\[ \grad_{x}{f}(x) \]
\end{document}
```

プレビューすると、綺麗に grad が表示され、添字は右下に表示されます。

- lim型の関数を定義する

以下の argmin という関数は、定義済み関数としては事前に用意されていません。

- argmin

$$\operatorname*{argmin}_{x} f(x)$$

このように添字が真下に付く「lim型」の関数を作るときは、\DeclareMathOperator*{\ 関数名 }{ 実際の表示内容 } を以下のようにプリアンブル部に追記してください。

Sample4-15.tex

```
\documentclass{jsarticle}
\usepackage{amsmath}
\DeclareMathOperator*{\argmin}{argmin}
\begin{document}
\[ \argmin_{x} f(x) \]
\end{document}
```

プレビューすると、綺麗に argmin が表示され、添字は真下に表示されます。

1-4 数式環境内で使う細かな命令

- 数式環境の中での細かな書体の制御を行う方法を理解する
- さらに洗練された数式を表現できるようになる

さらに洗練された数式を表現する

今までに学んだ、数式の中に現れるさまざまな記号や関数を使うと、普通のテキストとは比較にならないような、美しい数式を表現できます。しかし、その中で「細かな微調整」をしたくなることは多々あります。例えば、以下のような場合です。

- 数式環境の中に通常のテキストを挿入したい
- 少しだけスペースを空けたい
- カッコのサイズを少しだけ調整したい

このような微調整を行うことで、さらに洗練された数式を表現できます。

数式環境の中に通常の文字列を挿入する（\mathrm）

数式環境の中に書いた文字は自動的に数式と認識され、プレビュー結果では数式として整形されます。しかし、例えば数式環境の中の一部分に、数式ではない通常の文字列を挿入したいとします。以下のように単位を記載するなどの場合です。

- 文字列を含む数式

$$F = ma[\mathrm{N}]$$

数式環境の中にそのまま [N] と書くと、以下のように数式の一部と認識されイタリック体になってしまうため、[N] の部分だけ数式モードを解除する必要があります。

- 文字列もイタリック体になった数式

$$F = ma[N]$$

一時的に数式モードを解除するときは、その部分を \mathrm{ 通常のテキスト } のように書きます。

以下のソースコードを Cloud LaTeX に入力し、プレビューしましょう。

Sample4-16.tex

```
\documentclass{jsarticle}
\begin{document}
\[ F = ma \mathrm{[N]} \]
\end{document}
```

\mathrm{[N]}を追加

プレビュー結果を見ると、単位 [N] の部分だけが直立体になります。

数式環境内の空白を調整する

先ほど例示した数式では、数式と単位の間が詰まっているため、少し空白を入れたほうがよさそうです。

● 数式と単位の間が狭い数式

$$F = ma[N]$$

空白を入れたい

しかし､数式環境内に書いた半角スペースはプレビュー時にすべて無効になるため、半角スペースを書いても意味はありません。また、数式環境の中には全角スペースを書くべきではありません。数式環境の中に空白を挿入したいときは、\, を使います。以下のソースコードを入力しましょう。

Sample4-17.tex

```
\documentclass{jsarticle}
\begin{document}
\[ F = ma \, \mathrm{[N]} \]
\end{document}
```

\,を追加

プレビュー結果は以下の通りです。数式と単位の間に適切な空白が挿入されます。

● 適切な空白が挿入される

$$F = ma\,[N]$$

より多くの空白を入れたいときは、\, を連続して書きます。その他、広めの空白を挿入する専用の書き方も用意されています。

● 空白の入れ方

入力	空白の大きさ
\;	大きめの空白
\:	中くらいの空白
\,	小さめの空白

さらに、逆のパターンで空白を詰めたい場合もあります。例えば、以下のソースコードを Cloud LaTeX に入力し、プレビューしてください。書いてあるのは重積分の式です。

Sample4-18.tex

```
\documentclass{jsarticle}
\begin{document}
\[ \int\int\int_{V} dV \]
\end{document}
```

プレビュー結果を見ると、積分記号の間隔が広くなっています。間隔を詰めたほうがバランスがよく見えます。

● 積分記号の間隔が広い式

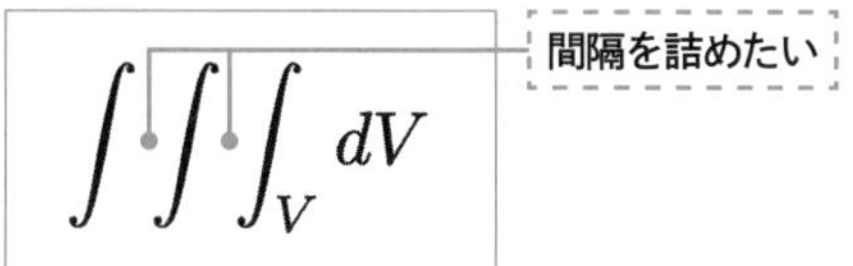

数式環境内で空白を詰めるときは、\! を使います。以下のソースコードを Cloud LaTeX に入力し、プレビューしましょう。

Sample4-19.tex

```
\documentclass{jsarticle}
\begin{document}
\[ \int \!\!\! \int \!\!\! \int_{V} dV \]
\end{document}
```

← \!を追加

\! を 1 つ追加するだけでは空白を少ししか詰められないので、ここでは 3 つずつ \! を書いています。プレビュー結果を見ると、以下のように空白が詰められます※7。

※7 重積分を扱うたびにこのように記載するのは面倒なため、\iint や \iiint が用意されているのです。これらを使って２重積分、３重積分などを書くと、余白は適切な広さになります。

- 空白が詰められた式

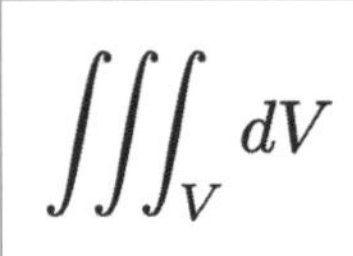

◎神は細部に宿る ～細かいことにもこだわろう～

「空白の調整」などは、行っても行わなくてもわずかな差しか生まれません。「そんなに細かいことまで、気にしなくてもいいのでは？」と考えることもあるでしょう。

しかし､結論として細かな調整にはこだわるべきであるというのが筆者の持論です。というのも、こういった数式のわずかな差は、１つの数式だけを見ていたら、それほど気になるような差ではないこともあります。しかし、多数の数式が使われた文書全体を眺めると、違和感のある文章に見えてくることがあるのです。

これを言い得た格言が「神は細部に宿る／ God is in the details」です。「細かい部分までこだわり抜くことで､全体としての完成度が高まる｣という意味で､反対に｢細かいところをないがしろにすると全体の完成度が下がる」ともいえます。LaTeX の文書作成にも当てはまります。

カッコなどの背の高さを揃える（\left と \right）

まずは以下のソースコードを Cloud LaTeX に入力し、プレビューしてください。

Sample4-20.tex

```
\documentclass{jsarticle}
\begin{document}
以下の式は、$n$が大きくなるほど$0$に近づきます。
\[ ( \frac{1}{2} )^{n} \]
\end{document}
```

プレビュー結果は以下の通りです。カッコの背の高さが分数に合っていないため、見た目が美しくありません。

- カッコの背の高さが分数に合っていない

以下の式は、n が大きくなるほど 0 に近づきます。

$$(\frac{1}{2})^n$$

このようなときは、**\left** と **\right** を使います。具体的には、分数の両側のカッコの左にそれぞれ \left と \right を付けます。

Sample4-21.tex

```
\documentclass{jsarticle}
\begin{document}
以下の式は、$n$が大きくなるほど$0$に近づきます。
\[ \left( \frac{1}{2} \right)^{n} \]
\end{document}
```

\leftと\rightを追加

このように書くことで、「このカッコ（左）とこのカッコ（右）は釣り合っているので、背の高さはカッコの中の式に合わせなさい」と LaTeX に教えています。プレビューすると、綺麗にカッコのサイズが調整されています。

- カッコの背の高さが分数に合っている

以下の式は、n が大きくなるほど 0 に近づきます。

$$\left(\frac{1}{2}\right)^n$$

◎集合

ここで、数学で頻繁に現れる**集合**について触れておきましょう。実は集合は、LaTeX 初学者にとっての悩みの種として有名です。

例えば、以下のような集合を文中に挿入したいとき、LaTeX では少し困ることになります。

- 集合の式

$$\left\{ x \,\middle|\, -\frac{1}{2} \leq x \leq \frac{1}{2} \right\}$$

まずは今までの知識を使って、これを再現することを試みてみましょう。ちなみに、{や}は、そのままではソースコード内に挿入できないので、\{,\}のように書きます。

Sample4-22.tex

```
\documentclass{jsarticle}
\begin{document}
\[ \left\{ x | -\frac{1}{2} \leq x \leq \frac{1}{2} \right\} \]
\end{document}
```

プレビューして確認しましょう。

● 縦棒が短い式

$$\left\{ x | -\frac{1}{2} \leq x \leq \frac{1}{2} \right\}$$

両側のカッコの背の高さは揃っているものの、縦棒の背の高さが合っておらず、縦棒の左右の余白が詰まりすぎています。

そこで、1つの解決策として、縦棒を **\mid** という専用記号に置き換えるという方法があります。\midは縦棒の両側に自動で適切な空白が入るので、幾分か見た目はよくなります。

Sample4-23.tex

```
\documentclass{jsarticle}
\begin{document}
\[ \left\{ x \mid -\frac{1}{2} \leq x \leq \frac{1}{2} \right\} \]
\end{document}
```

\midを追加

● 線の両側に余白は入ったが、背の高さは揃わない

$$\left\{ x \mid -\frac{1}{2} \leq x \leq \frac{1}{2} \right\}$$

しかし、背の高さは揃いません。この場合、\left、\rightと合わせて「真ん中」を表す **\middle** を使い、次のようにすると、左右のカッコに加えて真ん中の縦棒も背の高さを合わせることができます。

- Sample4-24.tex

```
\documentclass{jsarticle}
\begin{document}
\[ \left\{ x \middle| -\frac{1}{2} \leq x \leq \frac{1}{2} \right\} \]
\end{document}
```

\middleを追加

しかし、プレビューすると今度は両端の余白がなくなってしまいました。

- 両端の余白がない式

$$\left\{ x \middle| -\frac{1}{2} \leq x \leq \frac{1}{2} \right\}$$

このように、集合を挿入すると思ったように表示されないことがよくあります。\middle| の左右に \, を挿入して空白を入れるという手もありますが、面倒です。そこで、集合を書くときは **\Set** という専用の命令を使うと、全自動で整形してくれて非常に便利です。

注意

\Set の「S」は大文字です。

\Set を使うには braket.sty の読み込みが必要です[※8]。

Sample4-25.tex

```
\documentclass{jsarticle}
\usepackage{braket}
\begin{document}
\[ \Set{ x | -\frac{1}{2} \leq x \leq \frac{1}{2} } \]
\end{document}
```

\Setを追加

このように、\Set の中では縦棒は | と入力します。プレビューすると、以下のように空白、背の高さが整形されます。

※8 小文字の s から始まる \set という命令も braket.sty では定義されていますが、背の高さが揃わないので、より便利である \Set しか使う機会はないと考えていいでしょう。

- **空白と背の高さが整形された式**

$$\left\{ x \;\middle|\; -\frac{1}{2} \leq x \leq \frac{1}{2} \right\}$$

これは非常に便利ですね。ここまで見てきたように、集合を自力で綺麗に入力しようとするとうまくいかないので、\Set を使うのが無難です。

イコールをつなげる

数学では、以下のようにイコールを揃えながら複数行にわたって式を変形することがあります。

- **イコールが揃った複数行の式**

$$\begin{aligned}(x+a)^3 &= (x^2+2ax+a^2)(x+a)\\ &= x^3+ax^2+2ax^2+2a^2x+a^2x+a^3\\ &= x^3+3ax^2+3a^2x+a^3\end{aligned}$$

これを自力で微調整して実現することは非常に手間がかかるので、専用の **align 環境（アライン環境）**を使います。amsmath.sty の読み込みが必要です。以下のソースコードを Cloud LaTeX に入力し、プレビューしましょう。

Sample4-26.tex

```
\documentclass{jsarticle}
\usepackage{amsmath}
\begin{document}
\begin{align*}
(x+a)^3 &= (x^2 + 2ax + a^2)(x+a)\\
&= x^3 + ax^2 + 2ax^2 + 2a^2x + a^2x + a^3\\
&= x^3 + 3ax^2 + 3a^2x + a^3
\end{align*}
\end{document}
```

プレビューすると、以下のように綺麗にイコールが揃った複数行立ての数式になります。

・イコールが揃った複数行立ての数式変形

$$
\begin{aligned}
(x+a)^3 &= (x^2+2ax+a^2)(x+a) \\
&= x^3+ax^2+2ax^2+2a^2x+a^2x+a^3 \\
&= x^3+3ax^2+3a^2x+a^3
\end{aligned}
$$

ソースコードの書き方が少しややこしいですが、以下のルールで複数行の数式を書いていきます。\\は改行を表す記号です。

```
\begin{align*}
数式1の左辺 &= 数式1の右辺\\
数式2の左辺 &= 数式2の右辺\\
数式3の左辺 &= 数式3の右辺\\
...(同様に続ける)...
最後の数式の左辺 &= 最後の数式の右辺
\end{align*}
```

ここでもう少し詳細にルールを整理しておきます。

- **数式を揃える基準の記号の左に & を付ける（このソースコードでは「=」ですが、「=」以外の記号でも OK）**
- **左辺は書かないことが多いので、その場合は左辺を省略する**
- **最後の数式には改行記号（\\）を書かない**

また、ソースコード内では align* という環境を使っていますが、これを align とすると各行に数式番号が自動的に振られます。align 環境を使う機会は非常に多いため、書き方に慣れておくとよいでしょう。

◉ eqnarray環境は使わない

align 環境とほぼ同じ機能を持つ環境で、eqnarray 環境があります。インターネット上の情報や一昔前の書籍ではこの環境が使われていることもありますが、eqnarray 環境を使うことは現在推奨されていません。必ず align 環境を使うようにしましょう。

注意

eqnarray 環境は使わず、align 環境を使いましょう。

手書きの数式を LaTeX のソースコードに変換する

ここまで、LaTeX で数式を表現するさまざまな方法を学んできましたが、「この記号は LaTeX ではどうやって書くんだっけ」「この数式をどうやってソースコードで書くのか、ど忘れしてしまった」といったことが、初学者のうちは多発することでしょう。そこで初学者の強力な助けになるのが、「Web equation」という Web サイトです。これを使うと、以下のように、マウスなどで手書きした数式を認識して自動的に LaTeX のソースコードに変換してくれます。

● 手書きの数式がLaTeXのソースコードに自動的に変換される

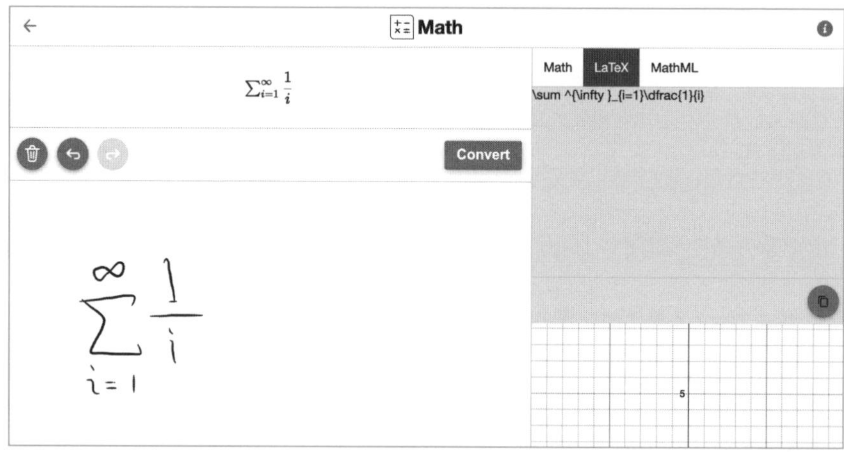

https://webdemo.myscript.com/

正しく認識されないこともありますが、LaTeX にまだ慣れないうちは、数式を表現するのに一役買ってくれることでしょう。

数式画像変換ツール

Cloud LaTeX を使えばソースコードから PDF ファイルをプレビューできますが、例えば数式を PowerPoint などでスライド資料に挿入したいときなど、「プレビュー結果の数式の部分を画像にしたい」というシチュエーションもよくあります。

「TeXclip」という Web サイトを使えば、数式のソースコードを直接画像に変換してくれます。

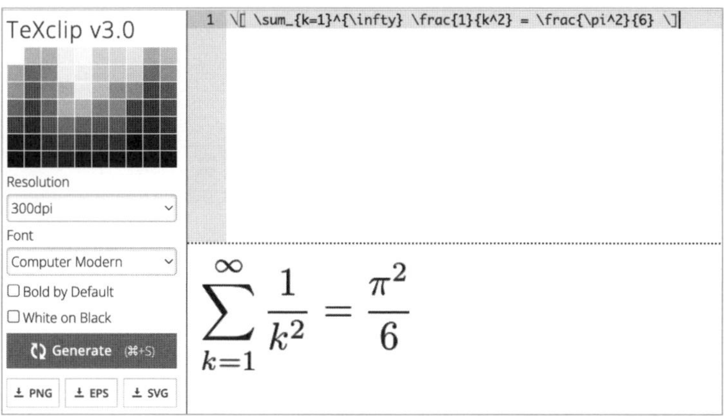

https://texclip.marutank.net/

画像の形式も、PNG ファイル、EPS ファイル、SVG ファイルの 3 種類から選べるので、好きな形式でダウンロードして、スライド資料の中に数式を挿入できます。大変便利なので、ぜひ一度使ってみてください。

定理環境と証明環境

定理環境と証明環境を使うと、文中に数学の定理、証明を綺麗に挿入して管理することができます。

以下のソースコードを Cloud LaTeX に入力し、プレビューしてください。

Sample4-27.tex

```
\documentclass{jsarticle}
\usepackage{amsmath}
\usepackage{amsthm}
\newtheorem{dfn}{定義} %dfnという環境を新たに定義
\newtheorem{thm}{定理} %thmという環境を新たに定義
\begin{document}
\begin{dfn}
2で割り切れる数を偶数と呼び、2で割り切れない数を奇数と呼ぶ。
\end{dfn}
\begin{thm}
```

```
偶数と奇数の積は偶数である。
\end{thm}
\end{document}
```

ここでは以下のことを行っています。

- **\newtheorem という命令を使って、定義、定理を扱う環境（dfn、thm）を新たに作る**
- **それらの環境を文中で利用して、定義と定理を表現している**

amsthm.sty を読み込んでいることに注意しましょう。また、同時に amsmath.sty を読み込む場合は、amsthm.sty の読み込みを必ず amsmath.sty の読み込みのあとに書いてください。

プレビュー結果は以下のようになります。

定義 1. *2で割り切れる数を偶数と呼び、2で割り切れない数を奇数と呼ぶ。*

定理 1. *偶数と奇数の積は偶数である。*

定義、定理が自動的に番号を振られた状態で文中に挿入されています。さらに、定理の証明も専用の環境で挿入してみましょう。証明を挿入するときは、proof 環境を使います。

Sample4-28.tex

```
\documentclass{jsarticle}
\usepackage{amsmath}
\usepackage{amsthm}
\newtheorem{dfn}{定義} %dfnという環境を新たに定義
\newtheorem{thm}{定理} %thmという環境を新たに定義
\begin{document}
\begin{dfn}
2で割り切れる数を偶数と呼び、2で割り切れない数を奇数と呼ぶ。
```

```
\end{dfn}
\begin{thm}
偶数と奇数の積は偶数である。
\end{thm}
\begin{proof}
偶数は$2k$, 奇数は$2k+1$と表せる。積を計算すると
\[ 2k(2k+1) \]
となり、$2$が因数として含まれているので、偶数である。
\end{proof}
\end{document}
```


プレビュー結果は以下のようになります。証明が綺麗な形で挿入されます。

定義 1. 2 で割り切れる数を偶数と呼び、2 で割り切れない数を奇数と呼ぶ。

定理 1. 偶数と奇数の積は偶数である。

Proof. 偶数は $2k$, 奇数は $2k+1$ と表せる。積を計算すると

$$2k(2k+1)$$

となり、2 が因数として含まれているので、偶数である。 □

定理環境、証明環境には細かい使い方がたくさんあるため、ここでは簡単な紹介にとどめておきます。詳細な使い方は、必要になったときにインターネットで調べれば十分です。

2 練習問題

正解は 267 ページ

問題 4-1 ★★☆

以下の数式（波動方程式）を LaTeX で再現せよ。数学記号などは巻末の一覧表を使って調べながら入力すること。

- 波動方程式

$$\frac{\partial^2 u}{\partial t^2} = c^2 \left(\frac{\partial^2 u}{\partial x^2} \right)$$

問題 4-2 ★★★

次のような文書を LaTeX でできる限り再現せよ。数学記号などは巻末の一覧表を使って調べながら入力すること。

・1ページ目

2 次方程式の解の公式の導出

数学 太郎

2022 年 1 月 29 日

2 次方程式 $ax^2 + bx + c = 0\,(a \neq 0)$ の解は以下のように係数の四則演算と根号を使って表せます。これを 2 次方程式の**解の公式**と呼びます。

$$x = \frac{-b \pm \sqrt{b^2 - 4ac}}{2a}$$

1 導出

2 次方程式の解の公式は、以下のように平方完成を使うと導出できます。

$$\begin{aligned} ax^2 + bx + c &= a\left(x^2 + \frac{b}{a}x\right) + c \\ &= a\left(x^2 + \frac{b}{a}x + \frac{b^2}{4a^2} - \frac{b^2}{4a^2}\right) + c \\ &= a\left(x + \frac{b}{2a}\right)^2 - \frac{b^2}{4a} + c \\ &= a\left(x + \frac{b}{2a}\right)^2 - \frac{b^2 - 4ac}{4a} \end{aligned}$$

よって、

$$\begin{aligned} a\left(x + \frac{b}{2a}\right)^2 - \frac{b^2 - 4ac}{4a} &= 0 \\ a\left(x + \frac{b}{2a}\right)^2 &= \frac{b^2 - 4ac}{4a} \\ \left(x + \frac{b}{2a}\right)^2 &= \frac{b^2 - 4ac}{4a^2} \end{aligned}$$

両辺の根号をとって変形すると、

$$\begin{aligned} x + \frac{b}{2a} &= \pm\frac{\sqrt{b^2 - 4ac}}{2a} \\ x &= -\frac{b}{2a} \pm \frac{\sqrt{b^2 - 4ac}}{2a} \\ x &= \frac{-b \pm \sqrt{b^2 - 4ac}}{2a} \end{aligned}$$

1

• 2ページ目

2　平方完成の積分への応用

平方完成を応用すると、次の形の積分を計算することができます。

$$\int \frac{dx}{ax^2+bx+c}$$

例として、次の積分を計算してみましょう。

$$\int \frac{dx}{x^2+2x+2}$$

分母を平方完成します。

$$\begin{aligned}\int \frac{dx}{x^2+2x+2} &= \int \frac{dx}{(x^2+2x+1-1)+2}\\ &= \int \frac{dx}{(x^2+2x+1)-1+2}\\ &= \int \frac{dx}{(x+1)^2+1}\\ &= \arctan(x+1)+C\end{aligned}$$

ただし、C は積分定数です。

2

5日目

図の挿入

❶ 図表の挿入
❷ キャプションとラベル、相互参照
❸ 練習問題

1 図表の挿入

- LaTeX の文書中に図表を挿入する方法を理解する
- 図表の挿入の際のルールを理解する
- さまざまなレイアウトで図表を挿入する

1-1 PS と EPS の時代

- LaTeX における図の種類の歴史を理解する
- LaTeX で現在用いられている図の形式を理解する

時代とともに変わる LaTeX の世界における常識

レポートや論文では、さまざまな図や表（まとめて図表と呼びます）を挿入する機会があります。LaTeX には図表を挿入する際にも、さまざまなルールや機能があります。自由自在に図表を使いこなして、さらに洗練された文書を作成しましょう。

一昔前まで、LaTeX で作成した文書は最終的に**PS（PostScript）ファイル**として出力していました。PS ファイルは今でいうところの PDF ファイルのような文書専用のファイル形式です。そして、図も PS ファイルとの親和性が高い **EPS（Encapsulated PostScript）ファイル**が用いられることが一般的でした。筆者も専用のアプリケーションを用いて図を EPS ファイルに変換し、せっせと LaTeX に貼り付ける時代を経験しました。

しかし現代では、LaTeX で作成した文書は**最終的に PDF ファイルとして出力され利用される**ようになりました。それにともない、PDF ファイルとの親和性が高い図の種類の **JPEG ファイル**や **PNG ファイル**が使われています。JPEG ファイルや PNG ファイルは一般的な画像のファイル形式なので、それをそのまま文書に挿入する現代のほうが、随分と楽だと感じます。

このようにLaTeXの世界の常識は、時代と共に少しずつ変わってきたのです。

1-2 図の挿入（includegraphics）

- 図をアップロードする
- 図の挿入方法を理解する

図の準備

さっそく、簡単な図を文書中に挿入してみます。まずは、適当な画像を用意しましょう。ここでは、以下の画像をインターネットからダウンロードし、ファイル名は「lenna.png」としました※1。なお画像はPNGファイルではなく、JPEGファイルでもかまいません。用意した画像はいったんパソコンのデスクトップなどに置いておきましょう。

● lenna.png

※1 この画像は、画像処理などの練習をするときによく使われる「レナ」という女性の画像です。画像処理用の標準画像データベースSIDBA（Standard Image Data-BAse）からダウンロードして誰でも使うことができます。

Cloud LaTeX のプロジェクト上に画像をアップロード

画像を準備できたら、Cloud LaTeX のプロジェクトにアップロードします。画像のアップロードは、プロジェクト画面上に画像ファイル(lenna.png)をドラッグ＆ドロップする方法が最も簡単です。

● デスクトップから画像をアップロード

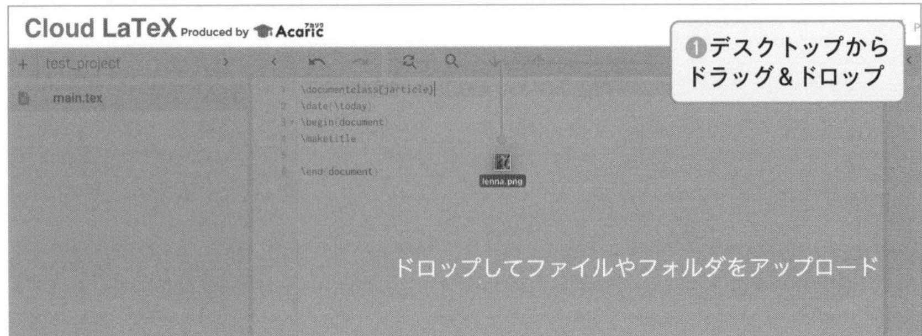

この方法の他、プロジェクト画面の左上の［+］をクリックしてアップロードすることもできます。この方法ではフォルダごとアップロードすることも可能なので、状況に応じて使い分けましょう。

● メニューを開く

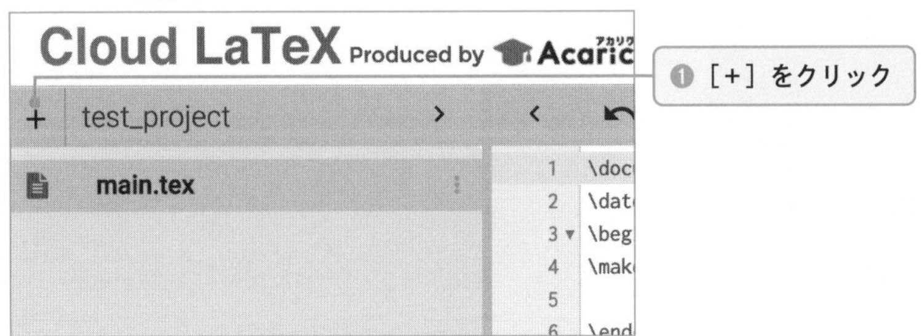

● ファイルのアップロード

● アップロードするファイルの選択

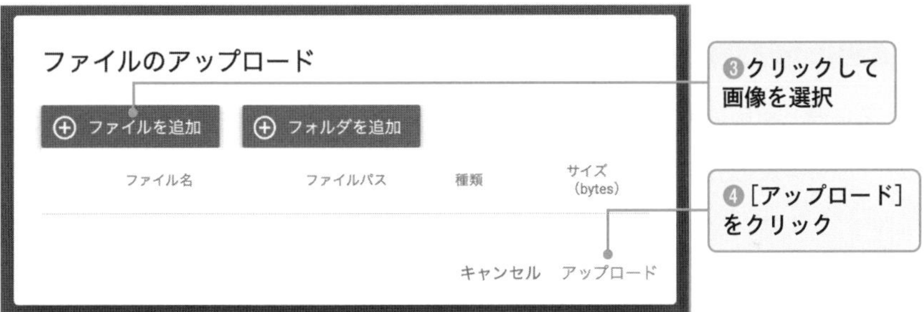

● 完了をクリック

● アップロード完了

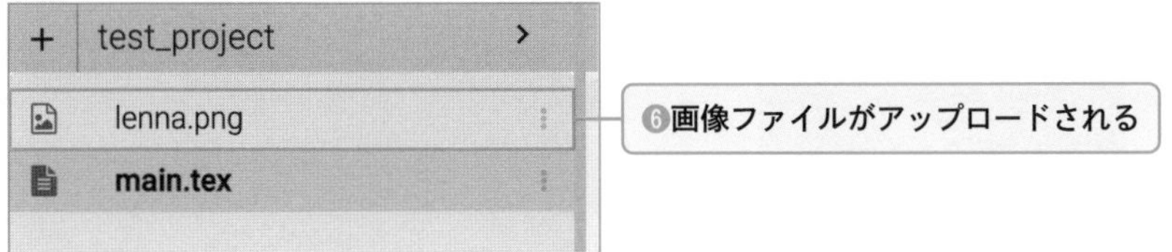

 1-3 図の挿入（figure 環境と includegraphics）

- 図を挿入する
- includegraphics による図の挿入位置の問題を理解する

図を挿入する

それでは、文中に用意した図を挿入しましょう。図を挿入するときは、figure 環境と includegraphics という命令を使います。また、プリアンブル部に \usepackage[dvipdfmx]{graphicx} を記載する必要があります。

以下のソースコードを Cloud LaTeX に入力し、プレビューしてください。

Sample5-1.tex

```
\documentclass{jsarticle}
\usepackage[dvipdfmx]{graphicx}
\begin{document}
文書中に画像を挿入します。
\begin{figure}
\includegraphics{lenna.png}
\end{figure}
できました！
\end{document}
```

figureを追加

includegraphicsを追加

● 図は挿入できたが……？

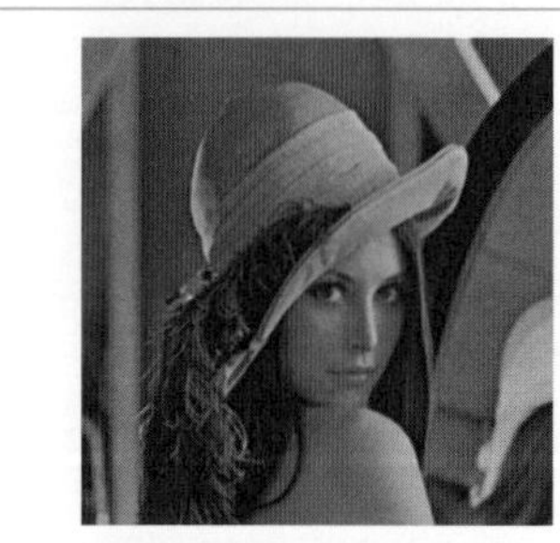

画像が挿入できました。これが基本の手順です。しかし、この例では意図した位置に図が挿入されていません。ソースコードでは「文書中に画像を挿入します。」という文のあとに figure 環境を置いて画像を挿入し、そのあとに「できました！」という文を書いていますが、プレビューでは画像が一番上に配置されています。

注意

includegraphics を使って図を挿入すると、意図した位置とは違う場所に図が挿入されることがあります。

これは、LaTeX が図を挿入する場所を判断した結果、意図した場所とは違う場所に図が挿入されているのです。ここまでの説明でも触れたように、LaTeX で文書作成を行う際には**「人間は文書の内容」「LaTeX はレイアウトや構造」という役割分担を可能な限り徹底すべき**という原則があるので、図の挿入位置も LaTeX にすべて任せられるといいのですが、かといって挿入したい位置とまるで違う位置に図が勝手に移動するのも考えものです。

そこで、図を挿入する際には**人間が「このあたりに図を置いてください」という大まかな司令だけを与え、あとは LaTeX に図の配置を任せる**という方法をとります。まずは図の位置を指定する方法から見ていきましょう。

1-4 図の位置指定（h、t、b、p）

- 図の位置指定を行う
- 図の位置指定がうまくいかないことを理解する

図の位置を指定する

図の位置を LaTeX に指示するには、図の位置指定を使います。位置指定はソースコード上では以下のように \begin{figure} のあとに書きます。

```
\begin{figure}[位置指定]
```

位置指定の部分には、以下のアルファベットを書きます。

● 位置指定の書き方

位置指定	出力場所
h	記述した部分
t	ページの上部
b	ページの下部
p	独立したページ

ただし、位置指定は大まかな指示に過ぎないため、位置指定を書いたとしても、LaTeXが不適な場所と判断した場合には図の場所が勝手にずれることがある点には留意しておく必要があります。

注意

位置を指定しても意図した場所に図が配置できないこともあります。

先ほどのソースコードに、以下のように位置指定を挿入してプレビューしましょう。

Sample5-2.tex

```
\documentclass{jsarticle}
\usepackage[dvipdfmx]{graphicx}
\begin{document}
文書中に画像を挿入します。
\begin{figure}[h]
\includegraphics{lenna.png}
\end{figure}
できました！
\end{document}
```

[h]を追加

● 図が意図した位置に配置されない

先ほどとは位置が変わりましたが、意図した場所とは違う場所に図が挿入されています。位置指定をtやb,pに変更して、プレビュー結果を確認しましょう。ここでは、位置の指定がうまくいかないことを体感してください。

◉ 複数の位置指定

位置指定の部分に複数のアルファベットを書くこともできます。例えば以下のように書きます。

```
\begin{figure}[htbp]
```

このように書いたときは、それぞれの位置指定に優先順位が付きます。

● 位置指定の優先順位

具体的には、以下のように位置指定が左から順番に適用されます。

- **まずはhを試みる**
- **hがダメ（不適な位置）ならtを試みる**
- **tがダメ（不適な位置）ならbを試みる**
- **bがダメ（不適な位置）ならpを試みる**

筆者は位置指定の部分にとりあえずhtbpと書いておくことが多いです。理由はたいていの場合、次の優先順位で図を配置すれば、無難な位置に収まることが多いからです。

- **可能なら「ここ」に配置して！（h）**
- **それが無理なら「ページの一番上」に配置して！（t）**
- **それも無理なら「ページの一番下」に配置して！（b）**
- **それすら無理なら、仕方ないから「図専用のページ」を作って！（p）**

強制的に指定場所に図を挿入する

しかし、h・t・b・p を使った位置指定は不便です。図は具体的に場所を指定したいことが多く、LaTeX の機転が「お節介」のように働くことが多いのです。

そこで、図を強制的に「ソースコードで指定したその場所」に挿入する方法があります。方法は簡単で、位置指定の部分に H と書くだけです。ただし、プリアンブル部で \usepackage{here} と書いて here.sty を読み込む必要があります。以下のソースコードをプレビューしましょう。

Sample5-3.tex

```
\documentclass{jsarticle}
\usepackage[dvipdfmx]{graphicx}
\usepackage{here}
\begin{document}
文書中に画像を挿入します。
\begin{figure}[H]
\includegraphics{lenna.png}
\end{figure}
できました！
\end{document}
```

[H]を追加

プレビュー結果を見ると、ようやく思った通りの場所に図が挿入されました。

● 図が意図した位置に配置される

◉ here.styの位置指定「H」

「H」を使った強制位置指定が「LaTeX の作法」として積極的に推奨できる方法なのかというと、「推奨できます」とは言い切れないというのが筆者の意見です。というのも、人間が「とにかくここに図を入れて」と LaTeX に指示をしていることになるので、LaTeX の「役割分担」の考えから外れた指示であると言わざるを得ません。

しかし、図の挿入において、h・t・b・p による位置指定が便利かというと、「勝手に図の位置をずらされて困る」ことが多いのも事実です。図の位置は自分で決めたいことが多いため、H を使った強制位置指定が大変便利なのです。これについては仕方ないと割り切って使うと決めてもいいのかもしれません。

1-5 図のサイズ指定

- 図のサイズの指定方法を理解する
- いろいろな方法で図のサイズ指定を行う

次は、図のサイズ指定を見ていきます。図のサイズに関する指定は \includegraphics の横に書きます。

```
\includegraphics[サイズ指定]{ファイル名}
```

サイズ指定の部分は、以下のオプションを使用して書きます。

● サイズ指定のオプション

オプション	概要
height	画像の高さを指定
width	画像の幅を指定
scale	画像のスケールを指定
angle	画像の角度を指定

- **サイズ指定のオプションの指定例**

指定例	意味
[height=5cm]	画像の高さ5cm
[width=30mm]	画像の幅30mm
[scale=0.6]	オリジナル・サイズの0.6倍
[angle=60]	画像を60°回転

複数のオプションをカンマ区切りで並べて同時に指定することもできます。具体例で確かめてみましょう。以下のソースコードをCloud LaTeXに入力し、プレビューしてください。

Sample5-4.tex

```
\documentclass{jsarticle}
\usepackage[dvipdfmx]{graphicx}
\usepackage{here}
\begin{document}
文書中に画像を挿入します。
\begin{figure}[H]
\includegraphics[width = 5cm, height = 3cm]{lenna.png}
\end{figure}
できました！
\end{document}
```

widthとheightを追加

プレビュー結果は以下のようになります。

- **図が縦横方向に伸縮される**

文書中に画像を挿入します。

できました！

width、height による指定だと画像の縦横比が保持されない（画像が歪む）ので、縦横比を保持して伸縮したいときは以下のいずれかの方法が便利です。

- **width のみを指定（height は縦横比を保持して自動的に調整される）**
- **height のみを指定（width は縦横比を保持して自動的に調整される）**
- **scale を指定（元画像の何倍というサイズに縦横比を保持してサイズが調整される）**

以下のソースコードで実験しましょう。

Sample5-5.tex

```
\documentclass{jsarticle}
\usepackage[dvipdfmx]{graphicx}
\usepackage{here}
\begin{document}
widthのみを指定します。
\begin{figure}[H]
\includegraphics[width = 5cm]{lenna.png}
\end{figure}

次に、heightのみを指定します。
\begin{figure}[H]
\includegraphics[height = 3cm]{lenna.png}
\end{figure}

最後に、scaleを指定します。
\begin{figure}[H]
\includegraphics[scale = 0.6]{lenna.png}
\end{figure}
\end{document}
```

widthのみを指定

heightのみを指定

scaleのみを指定

プレビュー結果は以下のようになります。縦横比が保持された状態でサイズ調整が行われていますね。

● 縦横比を保持して図のサイズが変わっている

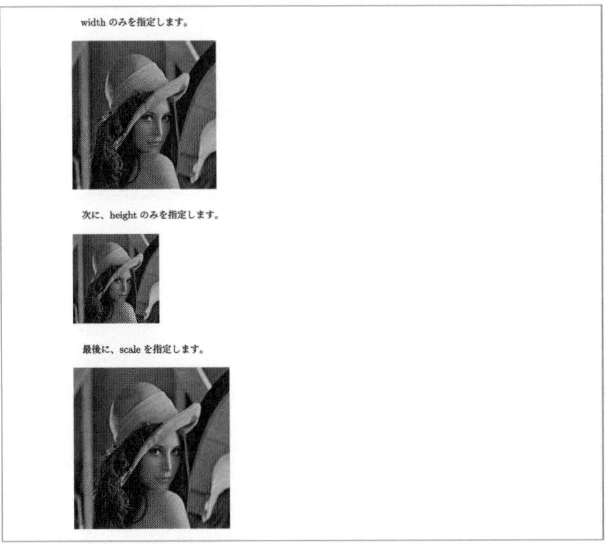
width のみを指定します。

次に、height のみを指定します。

最後に、scale を指定します。

また、angle を使うと図を回転させることができますが、このオプションは筆者の経験上ほとんど使うことはありません。興味のある方は試してみてください。

1-6 表の挿入

POINT

- LaTeX による表の作成方法を理解する
- 表を作成する
- 表の作成を簡単に行う方法を知る

LaTeX で文書を作成していると、文中に表を作成して挿入したくなることがあります。特に、理系のレポートや学術論文などでは、実験結果などを表の形で挿入する機会が多々あるでしょう。

LaTeX では表を作成する専用の方法があるので、それを使えば綺麗な表を柔軟に作成し、文中に挿入できます。例えば以下のような表です。

- **国語、数学、理科、社会の得点表**

名前＼科目	国語	数学	理科	社会
田中 太郎	30	65	80	70
佐藤 次郎	91	74	95	12
鈴木 花子	84	98	100	68

Word などの文書作成ソフトウェアを用いて表を挿入する場合は、セルの幅、細かい文字の位置、表のレイアウトの指定などをすべて人間が行わなければならず、手間がかかります。しかし、そこは LaTeX。自動的にレイアウトを整えてくれます。

表の挿入（table 環境と tabular 環境）

LaTeX で表を作って文中に挿入するときは、**table 環境**と **tabular 環境**を使います。まずは細かいことを気にせずに以下のソースコードを Cloud LaTeX に入力し、プレビューしてください。

Sample5-6.tex

```
\documentclass{jsarticle}
\begin{document}
\begin{table}[htbp]
  \begin{tabular}{|l||c|c|c|c|}
    \hline
    名前＼科目 & 国語 & 数学 & 理科 & 社会 \\
    \hline \hline
    田中 太郎 & 30 & 65 & 80 & 70 \\
    \hline
    佐藤 次郎 & 91 & 74 & 95 & 12 \\
    \hline
    鈴木 花子 & 84 & 98 & 100 & 68 \\
    \hline
  \end{tabular}
\end{table}
\end{document}
```

（3行目 ← tableを追加）
（4行目 ← tabularを追加）

プレビュー結果には、以下のように綺麗な表が表示されます。

● 綺麗な表が出力される

名前＼科目	国語	数学	理科	社会
田中 太郎	30	65	80	70
佐藤 次郎	91	74	95	12
鈴木 花子	84	98	100	68

table 環境は figure 環境と同様に、「ここからここまでが表に関する部分です」と指定しています。また、[htbp] で位置も指定しています※2。

そして、table 環境の中の tabular 環境の部分で、表の具体的な内容を決めています。tabular 環境は使い方がやや面倒ですが、使っていくうちに慣れるでしょう。

tabular 環境の各部の役割は次のようになっています。

tabular環境各部の役割

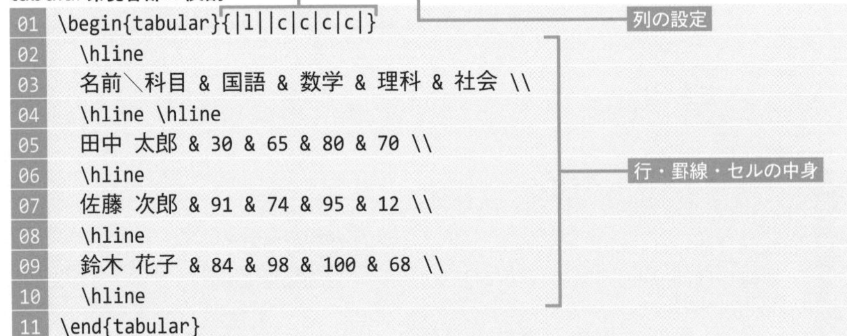

```
\begin{tabular}{|l||c|c|c|c|}
  \hline
  名前＼科目 & 国語 & 数学 & 理科 & 社会 \\
  \hline \hline
  田中 太郎 & 30 & 65 & 80 & 70 \\
  \hline
  佐藤 次郎 & 91 & 74 & 95 & 12 \\
  \hline
  鈴木 花子 & 84 & 98 & 100 & 68 \\
  \hline
\end{tabular}
```


◎「列の設定」の部分

列の設定の部分には、以下の情報を書き入れます。

- **表は何列からなるのか**
- **縦の罫線をどのように入れるか（| で設定）**
- **各列の文字揃えをどうするか（l,c,r で指定）**

しかしこれだけでは何を書けばいいのかわからないため、先ほどの表で具体的な書き方を説明します。先ほどの表の列は、以下のような形をしています。

※2 table 環境は「表」バージョンの figure 環境と思っておけばよいでしょう。詳しい解説は省略します。

- table環境で作った表

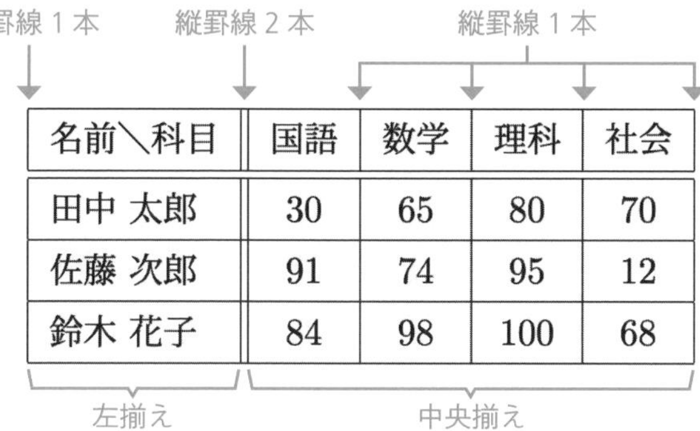

名前＼科目	国語	数学	理科	社会
田中 太郎	30	65	80	70
佐藤 次郎	91	74	95	12
鈴木 花子	84	98	100	68

縦罫線の引き方を縦棒 | 、各列の文字揃えをl、c、r（左揃えはl、中央揃えはc、右揃えはr）で指定します。

- 縦罫線と文字揃えの指定

名前＼科目	国語	数学	理科	社会
田中 太郎	30	65	80	70
佐藤 次郎	91	74	95	12
鈴木 花子	84	98	100	68

列の設定を以下のように書いたのは、縦罫線の引き方と各列の文字揃えを順に設定していたというわけです。

```
|l||c|c|c|c|
```

◉ tabular環境の中身（行、罫線、セルの内容）

次に、tabular 環境の中身では、行、罫線、セルの中身の具体的な内容を指定します。以下のことを覚えておきましょう。

- （横）罫線は \hline
- 行の終わりは改行記号 \\
- セルの区切りは &

これも先ほどの表を例に見ていきましょう。まず、横罫線が 1 本必要です。

● table環境で作った表の横罫線

横罫線 1 本 ⟶

名前＼科目	国語	数学	理科	社会
田中 太郎	30	65	80	70
佐藤 次郎	91	74	95	12
鈴木 花子	84	98	100	68

そのため、tabular 環境の中に、以下のように書き入れます。

```
\begin{tabular}{|l||c|c|c|c|}
\hline
\end{tabular}
```

次に、表の 1 行目を見ると、以下のような内容です。

● table環境で作った表の1行目の項目

名前＼科目	国語	数学	理科	社会
田中 太郎	30	65	80	70
佐藤 次郎	91	74	95	12
鈴木 花子	84	98	100	68

&はセルの区切り、\\は行の終わりを表すため、表の１行目は以下のように表せます。

```
名前＼科目 & 国語 & 数学 & 理科 & 社会 \\
```

これを tabular 環境に書き入れます。

```
\begin{tabular}{|l||c|c|c|c|}
\hline
名前＼科目 & 国語 & 数学 & 理科 & 社会 \\
\end{tabular}
```

次に、横罫線が２本必要なので、tabular 環境に次のように書き入れます。

```
\begin{tabular}{|l||c|c|c|c|}
\hline
名前＼科目 & 国語 & 数学 & 理科 & 社会 \\
\hline \hline
\end{tabular}
```

あとはもうおわかりですね。表に書きたいことを書き終えるまで tabular 環境に必要な設定を追記すれば、最終的に以下のようなソースコードが完成します。tabular 環境の基本的な使い方は以上です。

Sample5-7.tex

```
\documentclass{jsarticle}
\begin{document}
\begin{table}[htbp]
  \begin{tabular}{|l||c|c|c|c|}
    \hline
    名前＼科目 & 国語 & 数学 & 理科 & 社会 \\
    \hline \hline
    田中 太郎 & 30 & 65 & 80 & 70 \\
    \hline
    佐藤 次郎 & 91 & 74 & 95 & 12 \\
    \hline
    鈴木 花子 & 84 & 98 & 100 & 68 \\
    \hline
  \end{tabular}
\end{table}
\end{document}
```

より複雑な表を作成する

簡単な表であれば、ここまで解説した方法だけで作成することができます。一方で、より詳細に表をカスタマイズする方法も用意されています。表は凝った作りにするとかえって見づらいため、細かくカスタマイズをする機会は多くないと思われますが、必要になることもあります。ここから紹介する方法は頭の片隅に置いておいて、必要に応じて使い方を参照するくらいで十分です。

◉ セルの横方向結合（\multicolumn）

横方向にセルを結合するには、\multicolumn という命令を使います。例えば、以下のような表を作成してみましょう。

• 作成する表

名前＼科目	国語	数学	理科	社会
1年1組				
氏名	科目			
田中 太郎	30	65	80	70
佐藤 次郎	91	74	95	12
1年2組				
氏名	科目			
鈴木 花子	84	98	100	68

\multicolumn{3}{|c|}{ セルの内容 } と書くと、横方向に 3 つのセルを結合し、文字を中央揃えにし、左右に縦罫線を引くことができます。以下のような横長のセルができあがるイメージです。

• \multicolumn{3}{|c|}{セルの内容}によりできるセルのイメージ

セルの内容

普通のセル 3 つ分

これを参考に、表を再現したソースコードは以下の通りです。

- Sample5-8.tex

```
\documentclass{jsarticle}
\begin{document}
\begin{table}[htbp]
    \begin{tabular}{|l||c|c|c|c|}
        \hline
        名前＼科目 & 国語 & 数学 & 理科 & 社会 \\
        \hline \hline
        \multicolumn{5}{|c|}{1年1組}\\
        \hline
        氏名 & \multicolumn{4}{|c|}{科目}\\
        \hline
        田中 太郎 & 30 & 65 & 80 & 70 \\
        \hline
        佐藤 次郎 & 91 & 74 & 95 & 12 \\
        \hline
        \multicolumn{5}{|c|}{1年2組}\\
        \hline
        氏名 & \multicolumn{4}{|c|}{科目}\\
        \hline
        鈴木 花子 & 84 & 98 & 100 & 68 \\
        \hline
    \end{tabular}
\end{table}
\end{document}
```

multicolumnを追加

◎ 任意の列にのみ横罫線を引く（\cline）

横罫線を引くときには\hlineを使いましたが、\hlineでは自動的に表の左端から右端まで横罫線が引かれます。しかし、以下のような表を作りたい場合など、横罫線を部分的に引きたいこともあります。その場合は、\cline{開始セル番号-終了セル番号}という命令を使いましょう。

- 作成する表

名前＼科目	国語	数学	理科	社会
田中 太郎	30	65	80	70
佐藤 次郎	91	74	95	12
鈴木 花子	84	98	100	68

ソースコードは以下の通りです。\cline{2-5} と書くと、2 番目から 5 番目のセルのところにだけ横罫線を引けます。

Sample5-9.tex

```
\documentclass{jsarticle}
\usepackage{multirow}
\begin{document}
\begin{table}[htbp]
  \begin{tabular}{|l||c|c|c|c|}
    \hline
    名前＼科目 & 国語 & 数学 & 理科 & 社会 \\
    \hline \hline
    田中 太郎 & 30 & 65 & 80 & 70 \\
    \cline{2-5}  ← clineを追加
    佐藤 次郎 & 91 & 74 & 95 & 12 \\
    \hline
    鈴木 花子 & 84 & 98 & 100 & 68 \\
    \hline
  \end{tabular}
\end{table}
\end{document}
```

◎ セルの縦方向結合（\multirow）

あまり使う機会はありませんが、縦方向にセルを結合するには、\multirow{ 何行結合するか }{*}{ 内容 } という命令を使います。ただし、multirow.sty の読み込みが必要です。以下のような表で考えましょう。

● 作成する表

学年	名前＼科目	国語	数学	理科	社会
1 年 1 組	田中 太郎	30	65	80	70
	佐藤 次郎	91	74	95	12
1 年 2 組	鈴木 花子	84	98	100	68

ソースコードは以下の通りです。\multirow{2}{*}{1 年 1 組 } により、2 行分を結合した、内容が「1 年 1 組」であるセルを生成しています。また、次の行の \multirow{2}{*}{1 年 1 組 } に被るセルには何も書いていません。

Sample5-10.tex

```
\documentclass{jsarticle}
\usepackage{multirow}
\begin{document}
\begin{table}[htbp]
  \begin{tabular}{|c|l||c|c|c|c|}
    \hline
    学年 & 名前＼科目 & 国語 & 数学 & 理科 & 社会 \\
    \hline \hline
    \multirow{2}{*}{1年1組}&田中 太郎 & 30 & 65 & 80 & 70 \\
    \cline{2-6}
    &佐藤 次郎 & 91 & 74 & 95 & 12 \\
    \hline
    1年2組&鈴木 花子 & 84 & 98 & 100 & 68 \\
    \hline
  \end{tabular}
\end{table}
\end{document}
```

multirowを追加

◎ 使いこなす必要のない命令や環境

LaTeXには多種多様の命令や環境があります。すべての命令や環境を覚えて使いこなすのは不可能といっていいでしょう。そんなLaTeXを学ぶにあたり、以下のようなスタンスに立つことを強くおすすめします。

- **よく使う重要な命令や環境は覚え、すぐに使えるようにする**
- **たまにしか使わないマニアックな命令や環境は、存在をなんとなく覚えておいて、調べれば使えるようにしておく**

例えば、「表のセルの横結合、縦結合（\multicolumn、\multirow）」は、まさに後者の「存在をなんとなく覚えておいて、調べれば使える」くらいにしておくべき命令だといえるでしょう（ただし、「専門分野でセルの結合をものすごく頻繁に使う！」という場合は、この限りではありません）。

tabular環境による表の作成は、もともと方法が複雑で、［コンパイル］を何度押してもなかなかエラーが解消されない、なんてことになりがちです。そこにさらにセル

の結合などが絡んでくると、そもそもプレビュー画面にたどり着くこと自体が難しくなります。LaTeXの表の作成は「慣れれば簡単」といいましたが、正直なことをいえばややこしいのです。

ましてや、先ほど述べたようにセルの結合がそれほど頻繁に使われるかというと、そこまで多くないというのが実際のところです。ならば、「セルの結合などはいったん置いておいて、表の基本的な作り方だけを押さえておく」「必要なときに調べて使えばいい」と割り切ったほうがいいでしょう。

表の作成に便利な「Tables Generator」

LaTeXで表を作成するには少しややこしいソースコードを書かなければならないので、億劫になってしまいがちなのが実際のところです。そこで、おすすめなのがTables Generatorという便利なWebサイトです。

• Tables Generator

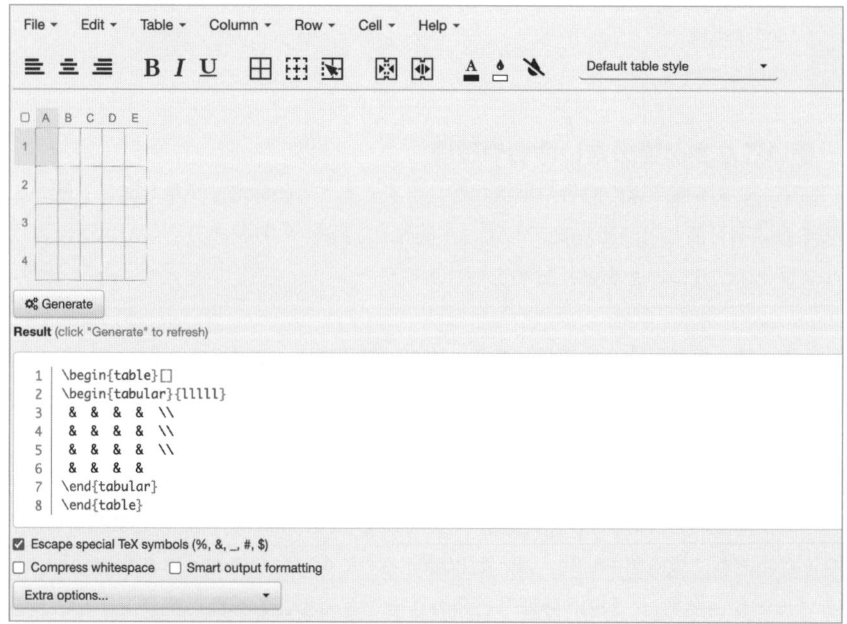

https://www.tablesgenerator.com/latex_tables

このWebサイトを使うと、直感的な操作で表の形を設定するだけで自動的にLaTeXのソースコードを出力してくれるので、それをコピー＆ペーストするだけで思い通りの表が作成できます。筆者はこのWebサイトをよく使っており、このWebサイトさえあれば、表のソースコードで悩むことはなくなります。こういったツールも積極的に活用しましょう。

2 キャプションとラベル、相互参照

- キャプション、ラベルのルールを理解する
- 図表にキャプション、ラベルを付ける方法を理解する
- 相互参照のルールと方法を理解する

2-1 キャプションとラベル

POINT

- キャプション、ラベルの意味を理解する
- LaTeX におけるキャプション、ラベルの重要性を理解する
- キャプション、ラベルを付ける

LaTeX で文書作成をする上で非常に重要な概念に、キャプションとラベル、そして相互参照があります。特に理系のレポートや論文などを書く際には、このキャプションとラベル、相互参照にある程度厳密なルールが定められていますが、これが徹底されていない文書も意外と多く見られます。

キャプションとラベルを付ける方法

ここまでは文書に図表を挿入する方法を扱ってきましたが、実は文中に図表を挿入する際は、基本的に必ず**キャプション**と**ラベル**を付けるべきというルールがあります。

キャプションとは、図や表などについて簡単に説明した短い文章のことをいいます。例えば、以下のように図の下や表の上に書かれるタイトルのようなものです※3。

※3 キャプションの位置は、図の場合は下、表の場合は上というルールに決まっています。

● キャプションの例（上：図のキャプション／下：表のキャプション）

図 1　lenna.png

表 1　A 大学 1 年生の試験成績

学年	名前＼科目	国語	数学	理科	社会
1 年 1 組	田中 太郎	30	65	80	70
	佐藤 次郎	91	74	95	12
1 年 2 組	鈴木 花子	84	98	100	68

用語

キャプション

図や表などに添えられる、それが何かを簡単に説明した短い文章

また、ラベルとは図表に付与される固有の目印となる文字列のことをいいます。例えば、文中に「fig1-1.png」という図を挿入するときに、「fig:lenna」というラベルをその図に付けておくと、「fig:lenna」という文字列がその図を識別するための目印になります。ラベルはプレビュー結果には表示されませんが、文書作成の中で非常に便利な役割を果たします。イメージとしては、図表に割り振った「ID」のようなものです。

用語

ラベル

図表に付与される固有の目印となる文字列。プレビュー結果には表示されない

図や表にキャプション、ラベルを付与するときには、\caption{ キャプション名 }、

\label{ ラベル名 } という命令を使います。以下のソースコードを Cloud LaTeX に入力し、プレビューしてください。なお、5 行目にある \centering は、直後の図を中央揃えにするための命令です。

Sample5-11.tex

```
01 \documentclass{jsarticle}
02 \usepackage[dvipdfmx]{graphicx}
03 \begin{document}
04 \begin{figure}[htbp]
05 \centering
06 \includegraphics[scale = 0.6]{lenna.png}
07 \caption{lenna.png}   ← captionを追加
08 \label{fig:lenna}   ← labelを追加
09 \end{figure}
10 \end{document}
```

プレビュー結果は以下のようになります。

• キャプションが付与された（見えないがラベルも付与されている）

図 1　lenna.png

表も同様です。以下のソースコードを Cloud LaTeX に入力し、プレビューしてください。

Sample5-12.tex

```
\documentclass{jsarticle}
\usepackage{multirow}
\begin{document}
```

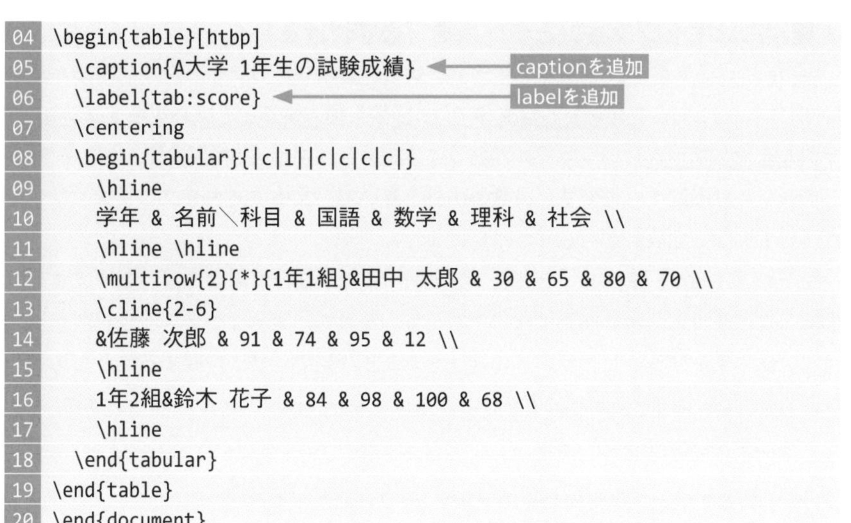

```
\begin{table}[htbp]
  \caption{A大学 1年生の試験成績}
  \label{tab:score}
  \centering
  \begin{tabular}{|c|l||c|c|c|c|}
    \hline
    学年 & 名前＼科目 & 国語 & 数学 & 理科 & 社会 \\
    \hline \hline
    \multirow{2}{*}{1年1組}&田中 太郎 & 30 & 65 & 80 & 70 \\
    \cline{2-6}
    &佐藤 次郎 & 91 & 74 & 95 & 12 \\
    \hline
    1年2組&鈴木 花子 & 84 & 98 & 100 & 68 \\
    \hline
  \end{tabular}
\end{table}
\end{document}
```


- キャプションが付与された（見えないがラベルも付与されている）

表 1　A 大学 1 年生の試験成績

学年	名前＼科目	国語	数学	理科	社会
1 年 1 組	田中 太郎	30	65	80	70
	佐藤 次郎	91	74	95	12
1 年 2 組	鈴木 花子	84	98	100	68

figure 環境ではキャプションが「図 1」、table 環境ではキャプションが「表 1」といったように自動的に変わっていることに注目してください。また、図や表が増えていくと、LaTeX によって自動的にキャプションの番号が振られます。

キャプションとラベルに関するルール

LaTeX で文書を作成する際は、キャプションとラベルに関するいくつかのルールが存在します。

◉ 図表にはキャプションとラベルを「必ず付ける」

LaTeX で作る文書は、理系のレポート、論文、書籍などのフォーマルなものが多いはずです。そして、**フォーマルな文書では、図表を挿入するときは必ずキャプション、ラベルを付与すべき**というルールがあります。あとに述べる「相互参照」の観点から、このルールは徹底すべきです。少数の例外を除いて、文中に「キャプション、ラベルが付いていない図表」が存在してはいけません。

ただし、LaTeX を使って「そこまでフォーマルではない簡単な文書」を作成する場合は、ここまでこだわる必要はないでしょう。筆者も、簡単な小テストや資料を作るときには、キャプションとラベルのルールをあまり気にせずに作成することもあります。しかし、「フォーマルな文書を作るときは、キャプションとラベルは必ず付ける」というルールは徹底しましょう。

注意

フォーマルな文書を作るときは、キャプションとラベルは必ず付けましょう。

◉ ラベルの命名規則

図表に適当なラベル名を付けると、どの図表がどのラベルなのかが把握できなくなります。ラベル名は以下の命名規則をもとに付けるとよいでしょう。

● ラベルの命名規則

参照先	ラベル名の付け方	参照方法
図	\label{fig:名前}	\ref{fig:名前}
表	\label{tab:名前}	\ref{tab:名前}

数式や見出しのラベル

ここまで、図表にキャプションとラベルを付与する方法を解説しましたが、同様に数式や見出し（章、節など）にラベルを付与することもできます。

◉ 数式

数式番号が付いた数式には、ラベルを付与できます。以下のソースコードでは、2 次方程式の解の公式にラベル「eq:quad_sol」を付与しています。なお equation 環境は、番号付きの数式をディスプレイ数式で 1 つ書くときに使う環境です。

Sample5-13.tex

```
\documentclass{jsarticle}
\begin{document}
2次方程式の解の公式
\begin{equation}
x = \frac{-b \pm \sqrt{b^2 - 4ac}}{2a}
\label{eq:quad_sol}      ← eq:quad_solを追加
\end{equation}
\end{document}
```

● 数式にラベルが付いた

2 次方程式の解の公式

$$x = \frac{-b \pm \sqrt{b^2 - 4ac}}{2a} \tag{1}$$

また、align 環境を使うと番号付きの複数行立ての数式変形を書けますが、その中の特定の数式にラベルを付与することもできます。以下のソースコードのように、ラベルを付与したい数式のすぐあとに、\label{ ラベル名 } を挿入します。

Sample5-14.tex

```
\documentclass{jsarticle}
\usepackage{amsmath}
\begin{document}
展開公式を分配法則を使って導出しましょう。
\begin{align}
(x+a)(x+b) &= x^2 + ax + bx + ab\\
&= x^2 + (a+b)x + ab \label{eq:expand_ab}      ← \label{eq:expand_ab}を追加
\end{align}
\end{document}
```

● 特定の数式にラベルが付いた

展開公式を分配法則を使って導出しましょう。

$$
\begin{aligned}
(x+a)(x+b) &= x^2 + ax + bx + ab && (1)\\
&= x^2 + (a+b)x + ab && (2)
\end{aligned}
$$

◎見出し（章、節など）

章や節などの見出しにも、ラベルを付けることができます。以下のソースコードのように、見出し命令（ここでは \section）の直後に \label{ ラベル名 } を挿入します。ここでは、「sec:int」というラベルを付与しました。

Sample5-15.tex

```
\documentclass{jsarticle}
\usepackage{amsmath}
\begin{document}
\section{不定積分}\label{sec:int}
微分の逆演算には\textbf{不定積分}という名前が付いています。関数$f(x)$のひとつの原始関数を$F(x)$と書くとき、
\[ \int f(x)dx = F(x) + C \]
です。ただし、$C$は積分定数です。
\end{document}
```

← \label{sec:int}を追加

● 見出しにラベルが付いた

1　不定積分

微分の逆演算には**不定積分**という名前が付いています。関数 $f(x)$ のひとつの原始関数を $F(x)$ と書くとき、

$$\int f(x)dx = F(x) + C$$

です。ただし、C は積分定数です。

◉ 数式、見出しのラベル命名規則

数式や見出しのラベルは、以下の命名規則にもとづいて付けるとよいでしょう。

• ラベルの命名規則（数式、見出し）

参照先	ラベル名の付け方
数式	\label{eq:名前}
章、節	\label{sec:名前}

ちなみに数式や見出しは、必ずしもすべてにラベルを付与しなくてもかまいません。あとに述べる「相互参照」が必要なときだけ、数式や見出しにラベルを付与します。

2-2 相互参照

POINT

- 相互参照とは何かを理解する
- 相互参照を行う

ラベルの必要性

ここまで「ラベル」を扱ってきましたが、そろそろ「ラベルには一体何の意味があるのか？」という疑問が湧いてくる方もいるでしょう。というのも、ラベルは以下のような理由で、「付けなくても問題ない」と感じる方もいると思われるためです。

- **図表、数式、見出しにラベルを付けても、最終的な文書には何も反映されない**
- **ラベルを付けなくても、特にエラーは発生しない**

しかし、結論からいうと、ラベルは非常に重要な役割を持ちます。それはこの節で扱う**相互参照**と密接に関わっているのです。

文中で図表を参照する

例えば、以下のような文書を例にして考えます。この文書では、文中に挿入された図（図1）に文中で触れています。

- 図に文中で触れている文書

ITの世界でとても有名な画像について話しましょう。

図1　ITの世界で有名なLennaさん

文中で図1に触れている

この画像（図1）に写っている女性はLennaさんという名前です。Lennaさんのこの画像は、画像処理用の標準画像データベースSIDBA（Standard Image Data-BAse）からダウンロードして誰でも使うことができます。

このように、前に現れた図や表に「図1」「表1」のようにあとから言及することを**参照**と呼びます。参照を行いたいときに、以下のソースコードのように指定するのは不適切です。

Sample5-16.tex

```
\documentclass{jsarticle}
\usepackage[dvipdfmx]{graphicx}
\usepackage{here}
\begin{document}
ITの世界でとても有名な画像について話しましょう。

\begin{figure}[H]
\centering
\includegraphics[scale = 0.5]{lenna.png}
\caption{ITの世界で有名なLennaさん}
\label{fig:lenna}
\end{figure}

```

```
この画像（図1）に写っている女性はLennaさんという名前です。Lennaさんのこの画像は、画像処理用の標準画像データベースSIDBA（Standard Image Data-BAse）からダウンロードして誰でも使うことができます。
\end{document}
```

なぜこのソースコードが不適切なのでしょうか。それは、以下のシチュエーションを考えてみるとわかります。この文書中では「Lenna さん」の画像を紹介していますが、「Lenna さんの画像の前にもう 1 つ別の画像を紹介したい」と考えたとしましょう。

• **画像をドラッグ＆ドロップして追加**

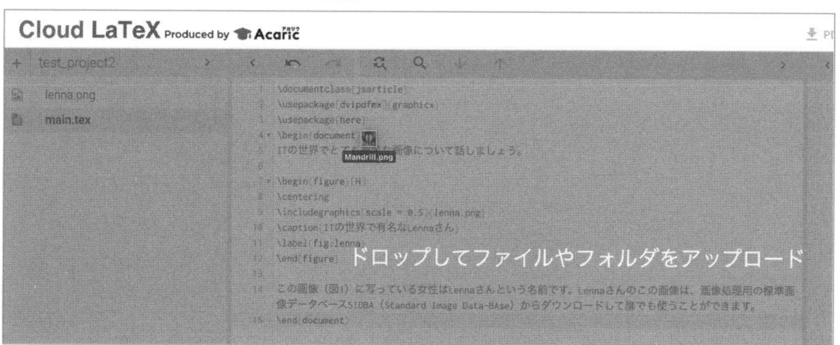

そこで、ソースコードを以下のように変更します。

Sample5-17.tex

```
\documentclass{jsarticle}
\usepackage[dvipdfmx]{graphicx}
\usepackage{here}
\begin{document}
ITの世界でとても有名な画像について話しましょう。

\begin{figure}[H]
\centering
\includegraphics[scale = 0.5]{Mandrill.png}
\caption{画像処理で有名なマンドリルの画像}
\label{fig:Mandrill}
\end{figure}

この画像（図1）、画像処理などのサンプルとしてよく使われるマンドリルの画像です。画像処理用の標準画像データベースSIDBA（Standard Image Data-BAse）からダウンロードして誰でも使うことができます。

```

```
\begin{figure}[H]
\centering
\includegraphics[scale = 0.5]{lenna.png}
\caption{ITの世界で有名なLennaさん}
\label{fig:lenna}
\end{figure}

この画像（図1）に写っている女性はLennaさんという名前です。Lennaさんのこの画像は、画像処理用の標準画像データベースSIDBA（Standard Image Data-BAse）からダウンロードして誰でも使うことができます。
\end{document}
```

プレビュー結果は以下のようになります。

● **図の紹介を追加**

ITの世界でとても有名な画像について話しましょう。

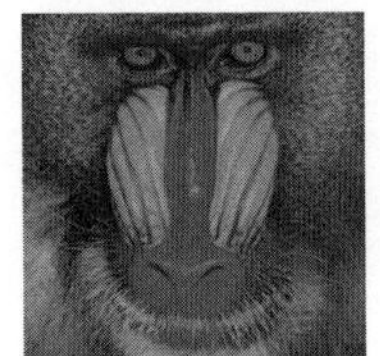

図1　画像処理で有名なマンドリルの画像

この画像（図1）は、画像処理などのサンプルとしてよく使われるマンドリルの画像です。画像処理用の標準画像データベースSIDBA（Standard Image Data-BAse）からダウンロードして誰でも使うことができます。

図2　ITの世界で有名なLennaさん

図2の図表番号が不一致

この画像（図1）に写っている女性はLennaさんという名前です。Lennaさんのこの画像も、画像処理用の標準画像データベースSIDBAからダウンロードして誰でも使うことができます。

さて、このソースコードの「ミス」にお気づきでしょうか？　Lennaさんの図の前に図を追加したので、Lenннaさんの図のキャプションは自動的に「図2」に変わっていますが、本文の図の参照部分「図1」を「図2」に書き換えるのを忘れています。

図のキャプション番号は、図の追加や削除によって自動的に変更されます。しかし、それを参照する「図 1」のような部分の番号を手入力してしまっていると、そこだけは自動的に番号が変わらず、図表番号との不一致が起きてしまうのです。

1 日目でも言及しましたが、LaTeX で「手動採番」は行うべきではありません。短い文書であれば手動で番号を振ることができるかもしれませんが、大規模な文書ともなると非常に面倒かつ膨大な作業になります。

重要

LaTeX で「手動採番」を行うべきではありません。

これを解決するのが**相互参照**です。相互参照とは、図表（または数式や見出し）の番号を手入力で参照するのではなく、図表に付与されたラベルを参照することで、**番号を手入力することなく参照を行う**ことをいいます。

用語

相互参照

図表（または数式や見出し）に付与されたラベルを参照することにより、番号を手入力することなく参照を行うこと

実際に相互参照を使ったのが、以下のソースコードです。**\ref{ ラベル名 }** という命令によって、ラベル名を使って図を参照しています。

Sample5-18.tex

```
\documentclass{jsarticle}
\usepackage[dvipdfmx]{graphicx}
\usepackage{here}
\begin{document}
ITの世界でとても有名な画像について話しましょう。

\begin{figure}[H]
\centering
\includegraphics[scale = 0.5]{Mandrill.png}
\caption{画像処理で有名なマンドリルの画像}
\label{fig:Mandrill}
\end{figure}

この画像（図\ref{fig:Mandrill}）、画像処理などのサンプルとしてよく使われるマンドリルの画像です。画像処理用の標準画像データベースSIDBA（Standard Image Data-BAse）からダウンロードして誰でも使うことができます。

\begin{figure}[H]
```

```
\centering
\includegraphics[scale = 0.5]{lenna.png}
\caption{ITの世界で有名なLennaさん}
\label{fig:lenna}
\end{figure}

この画像（図\ref{fig:lenna}）に写っている女性はLennaさんという名前です。Lennaさんのこの画像は、画像処理用の標準画像データベースSIDBA（Standard Image Data-BAse）からダウンロードして誰でも使うことができます。
\end{document}
```

プレビュー結果は以下の通りです。ラベル名を手がかりに、LaTeX が自動的に図の番号を正しく拾って表示していることがわかります。

● **相互参照により正しい番号が自動的に表示される**

IT の世界でとても有名な画像について話しましょう。

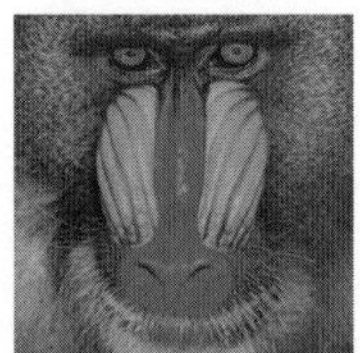

図 1　画像処理で有名なマンドリルの画像

この画像（図 1）は、画像処理などのサンプルとしてよく使われるマンドリルの画像です。画像処理用の標準画像データベース SIDBA（Standard Image Data-BAse）からダウンロードして誰でも使うことができます。

図 2　IT の世界で有名な Lenna さん

この画像（図 2）に写っている女性は Lenna さんという名前です。Lenna さんのこの画像も、画像処理用の標準画像データベース SIDBA からダウンロードして誰でも使うことができます。

この方法なら、図を 1 つ減らしたいとき、以下のソースコードのように該当部分を削除するだけで、残った図は正しい番号で参照が行われます。

Sample5-19.tex

```
\documentclass{jsarticle}
\usepackage[dvipdfmx]{graphicx}
\usepackage{here}
\begin{document}
ITの世界でとても有名な画像について話しましょう。

\begin{figure}[H]
\centering
\includegraphics[scale = 0.5]{lenna.png}
\caption{ITの世界で有名なLennaさん}
\label{fig:lenna}
\end{figure}

この画像（図\ref{fig:lenna}）に写っている女性はLennaさんという名前です。Lennaさんのこの画像は、画像処理用の標準画像データベースSIDBA（Standard Image Data-BAse）からダウンロードして誰でも使うことができます。
\end{document}
```

このように、**図表や数式、見出しを参照することも、相互参照を使って LaTeX に任せる**ことを徹底すべきなのです。LaTeX における文書作成の基本である「人間と LaTeX の役割分担」が、ここにも反映されているというわけですね。

◎ 相互参照のルール

LaTeX における相互参照は非常に便利で役立つ方法です。そして、相互参照には以下のようなルールがあります。フォーマルではない簡単な文書を除いては、このルールを必ず徹底するように心がけましょう。

- **図表は「文中で必ず言及する」もの**[※4] **なので、文中で一度は必ず相互参照を行う**
- **数式や見出しは、文中での参照が必要となった際には必ず相互参照を行う**

※ 4 図や表をわざわざ文中に入れておいて、文中で一切触れないのはおかしいためです。もし一切触れないのなら、そもそもその図表が不要であると判断できます。

3 練習問題

正解は 269 ページ

 問題 5-1 ★☆☆ 

以下の文書は「LaTeX 的には不適切な文書」である。どこが不適切であるかを答えよ。また、それを修正したソースコードを作成せよ。

宮城県仙台市の魅力について

羅手府 太郎

2022 年 2 月 6 日

宮城県仙台市は素晴らしい街です。この文書では、宮城県仙台市の魅力について語ってみます。

1 杜の都仙台

仙台市はよく「杜の都（もりのみやこ）」という通称で呼ばれます。その理由は、街中が長い年月をかけて育ててきた豊かな緑に包まれていることです。

上記の写真は、仙台の主要な通りのうち特に美しい緑が印象的な**定禅寺通**の写真です。

問題 5-2 ★★☆

次のような文書をLaTeXでできる限り再現せよ。数学記号などは巻末の一覧表を使って調べながら入力すること。文中での図表、数式の参照は相互参照を使って行うこと。

● 1ページ目

レオンハルト・オイラーについて

山田 太郎

2022年6月7日

この文書では、18世紀を代表する数学者**レオンハルト・オイラー**について語ります。

1 レオンハルト・オイラー

レオンハルト・オイラー(Leonhard Euler)は、1707年にスイスのバーゼルに生まれ、のちの19世紀に続く数学、さらには物理学における膨大な業績を残しました。図1は、オイラーの有名な肖像画です。

図1 レオンハルト・オイラー

2 オイラーの公式

なんといっても、式(1)は、オイラーの業績の中でも特に有名な**オイラーの公式**です。

$$e^{ix} = \cos x + i \sin x \qquad (1)$$

eはネイピア数、iは虚数単位、cos, sinは三角関数です。特に式(1)において、$x = \pi$とした式(2)は、虚数単位と円周率、ネイピア数を結び付けるあまりにも美しさゆえに、「宝石のような等式」とまで称されます。

$$e^{i\pi} = -1 \qquad (2)$$

1

5日目 図の挿入

● 2ページ目

3　バーゼル問題

さらに、オイラーの業績の中では、**バーゼル問題**の解決が有名です。バーゼル問題とは無限級数の問題の 1 つで、平方数の逆数すべての和はいくつかという問題ですが、オイラー以前にはベルヌーイという数学者がこの問題を解決するのに失敗しています。バーゼルはオイラーの故郷でもあり、ベルヌーイの故郷でもあるので、バーゼル問題と呼ばれているのですね。

バーゼル問題は、式 (3) の値がいくらかという問題です。

$$\sum_{k=1}^{\infty} \frac{1}{k^2} = \frac{1}{1^2} + \frac{1}{2^2} + \frac{1}{3^3} + \cdots + \frac{1}{n^2} + \cdots \tag{3}$$

レオンハルト・オイラーは、三角関数の無限乗積展開という巧みな手法により、式 (3) の値が $\frac{\pi^2}{6}$ であることを予想し、後にこれが正しい結果であることが証明されました。バーゼル問題は、リーマンのゼータ関数という素数と密接に関わる関数の特殊値を表しており、その後の数学の発展においても非常に重要な結果を示唆しています。

4　オイラーの生涯

オイラーは、その類まれなる才能により、語るに余りある数々の業績を残し、その激動の生涯を終えました。表 1 は、オイラーの生涯をまとめた年表です。

表 1　オイラーの生涯

年	出来事
1707 年	スイスのバーゼルに生まれる
1727 年	サンクトペテルブルクの科学学士院に赴任
1741 年	ベルリン・アカデミーの会員となる
1771 年頃	両目を失明
1783 年	76 歳で亡くなる

オイラーは、その 76 年の生涯のうちに人類史上最多といわれるほどの膨大な量の論文や著書を残しました。我々がこうして数学によって支えられた便利な日常生活を送れるのも、オイラーが残した業績のおかげであるところが大きいのです。

2

6日目

スライドの作成

1. Beamerによるスライド作成
2. 練習問題

1 Beamerによるスライド作成

- Beamerを使ってスライドを作成するメリットを理解する
- Beamerを使ってスライドを作成する方法を理解する
- 実際にBeamerでスライドを作成してみる

1-1 Beamerでスライドを作成するメリット

- 従来のスライド作成の方法を思い出す
- LaTeX（Beamer）を使ってスライドを作成するメリットを理解する

ここまでLaTeXでレポートや論文などを作成する方法を解説してきましたが、Beamer（ビーマー）というドキュメントクラスを用いると、プレゼンテーションで使えるスライドを作成できます。

筆者は学会などに参加した際、Beamerを使って作成されたスライドを使っている人が多くて驚いた記憶があります。スライドはMicrosoftのPowerPointやAppleのKeynoteなどを使って作成することが一般的ですが、Beamerでプレゼン資料を作成することには、さまざまなメリットがあります。

Beamer

Beamerとは、LaTeXを使ってプレゼンテーションで用いるスライドを作成するためのドキュメントクラスのことです。LaTeXがレポートや論文、書籍のみならず、スライドの作成まで対応しているのは驚きですね※1。

※1 スライド作成だけでも驚きですが、「MusiXTeX」というドキュメントクラスを使うと楽譜も作ることができます。興味のある方はぜひ調べてみてください。

用語

Beamer
LaTeX を使ってプレゼンテーションで用いるスライドを作成するためのドキュメントクラス

一般的にスライド作成で用いるPowerPointやKeynoteは、非常に優秀なソフトウェアです。言ってしまえば、Beamer よりも PowerPoint や Keynote のほうが、「できること」は格段に多いです。例えば、凝ったアニメーションの利用、動画の挿入、自由自在なレイアウトの実現、凝ったデザインの実現などは、Beamer ではできなかったり、不得意だったりします。

しかし、それでも Beamer を使ったスライド作成にはさまざまなメリットがあります。代表的なメリットを順に解説します。

◉ LaTeXの書き方をそのまま使ってスライドを作れる

Beamer では、マウス操作による直感的な方法（GUI）ではなく、**ソースコードを書くことによりスライドを作り上げます**。そしてこのソースコードは、LaTeX での文書作成の際に使う書き方をほぼそのまま使うことができます。つまり、LaTeX による文書作成で学んださまざまな方法をほぼ流用できるというメリットがあるということです。

これは、**少しの変更で、スライドを文書に、または文書をスライドに変換できる**ともいえます。PowerPoint や Keynote ではなかなかそうはいきません。

◉ LaTeXの美しい数式が挿入できる

LaTeX の強みは「数式」であることは何度も述べてきました。特に、LaTeX を使って書いたような数式の美しいフォルムを PowerPoint や Keynote で実現するのは容易ではありません。

Beamer を使えば、**スライド中に LaTeX の美しい数式をそのまま挿入**することができます。そして書き方も、文書作成で学んだ方法をそのまま使えるので、数式の挿入で戸惑うことはありません。

◉ 「役割分担」のメリットを享受できる

そしてここでも出てくるのが、「人間とLaTeXの役割分担」という視点です。PowerPointやKeynoteは、スライドの内容もデザインもレイアウトも、すべて人間が行います。フレキシブルにスライド作成を行えるというメリットはありますが、デザインやレイアウトにまで人間が気を回すというのは、大変手間がかかります。

対してBeamerは、**「人間はスライドの内容にだけ集中」し、「デザインやレイアウトはLaTeXが自動的に綺麗に整えてくれる」**という、LaTeXならではの「役割分担」にもとづいてスライド作成を行うことができます。アニメーションや複雑なデザインによる凝ったスライドこそ不向きですが、Beamerがかっちりとフォーマルな形に整えてくれるおかげで、学会発表や授業向きのスライドを楽に作ることができます。

以上のように、PowerPointやKeynoteのようなスライド作成ソフトウェアとBeamerは「そもそもが別物」であり、「それゆえにどちらにもメリット、デメリットが存在する」ことをおわかりいただけたでしょうか。そして、Beamerのメリットは、主に学会発表や授業などで大きく活きてくるのです。

1-2 はじめてのスライド

POINT

- テンプレートから新規スライドを作成する
- はじめてのスライドを作る

新しいプロジェクトをテンプレートから作成する

では、Beamerを使ってはじめてのスライドを作ってみましょう。1からプリアンブル部の設定などを行うこともできますが、多種多様な専用の**テンプレート**から作成するほうが、効率的かつ綺麗なスライドを作ることができます。

それでは、スライド作成を始めるために、新たなプロジェクトをテンプレートから作成します。まずは、Cloud LaTeXのトップページからマイページに移動します。

● マイページに移動する

次に、マイページ下のプロジェクト管理部の近くにある［テンプレートから作成］をクリックします。

● テンプレートから作成する

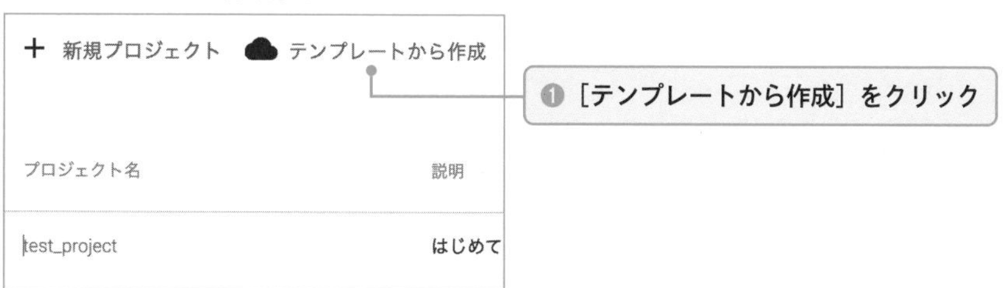

テンプレート一覧画面が表示されたら、[日本語プレゼン（Beamer)］をクリックします※2。

● テンプレートを選択する

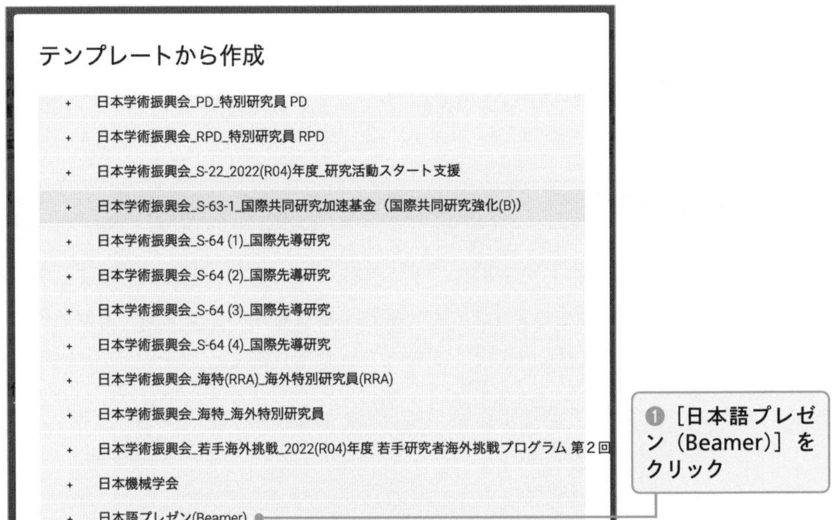

テンプレートの説明が表示されたら［作成］をクリックします。

● プロジェクトを作成する

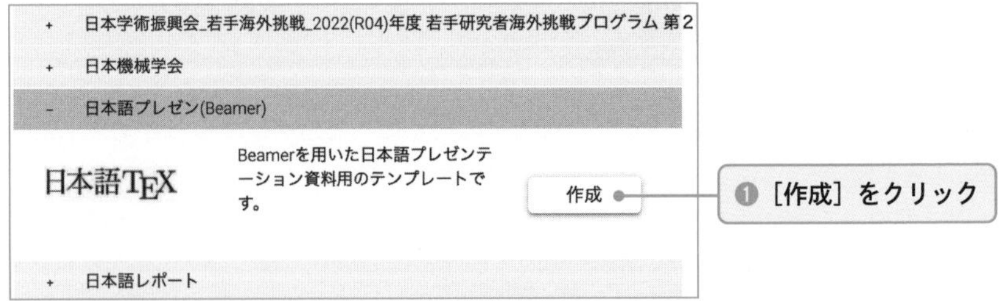

「日本語プレゼン（Beamer)」という新規プロジェクトが追加されます。プロジェクト名は任意の名前に変更してもかまいません。

※2 日本語のスライドに限らず、さまざまな文書用のテンプレートが用意されています。本書ではここまで練習のためにテンプレートを用いずに文書作成を行いましたが、テンプレートを活用すると便利です。

● 新規プロジェクトができる

＋ 新規プロジェクト　テンプレートから作成　インポート

プロジェクト名　説明

日本語プレゼン(Beamer)

test_project

プロジェクトを開くと、テンプレートのソースコードが表示されます。[コンパイル]をクリックすると、サンプルの完成形が右側のプレビュー画面に表示されます。これで準備完了です。

● プロジェクトにソースコードが準備されている

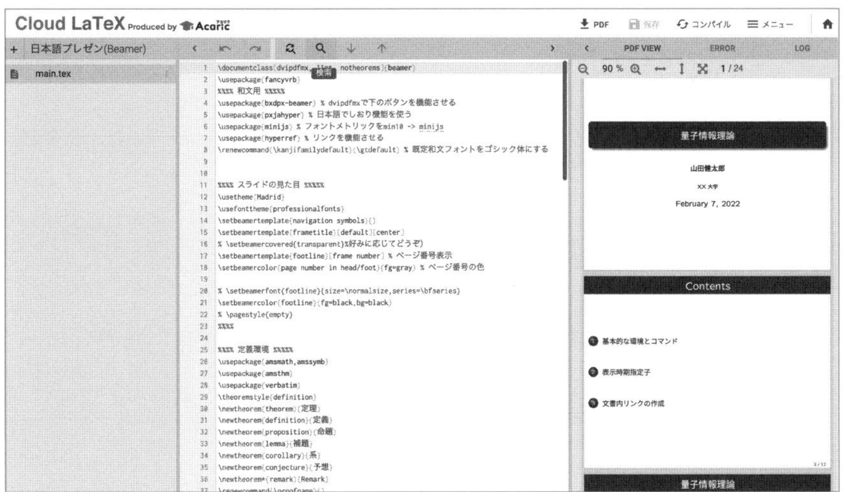

◎ テンプレートの中身

テンプレートを使って新規プロジェクトを作成しましたが、ここでテンプレートの中身をざっくりと見ていきましょう。ソースコードを上から見ていくと、とても長いプリアンブル部が書かれています。ここでは、作成するスライド全体に適用される細かな設定（フォントに関する設定、スタイルファイルの読み込み、環境の定義など）が指定されています。

- プリアンブル部にはスライド全体に適用される設定が記載されている

```
\documentclass[dvipdfmx, 11pt, notheorems]{beamer}
\usepackage{fancyvrb}
%%%% 和文用 %%%%%
\usepackage{bxdpx-beamer} % dvipdfmxで下のボタンを機能させる
\usepackage{pxjahyper} % 日本語でしおり機能を使う
\usepackage{minijs} % フォントメトリックをmin10 -> minijs
\usepackage{hyperref} % リンクを機能させる
\renewcommand{\kanjifamilydefault}{\gtdefault} % 既定和文フォントをゴシック体にする


%%%% スライドの見た目 %%%%%
\usetheme{Madrid}
\usefonttheme{professionalfonts}
\setbeamertemplate{navigation symbols}{}
\setbeamertemplate{frametitle}[default][center]
% \setbeamercovered{transparent}%好みに応じてどうぞ)
\setbeamertemplate{footline}[frame number] % ページ番号表示
\setbeamercolor{page number in head/foot}{fg=gray} % ページ番号の色

% \setbeamerfont{footline}{size=\normalsize,series=\bfseries}
\setbeamercolor{footline}{fg=black,bg=black}
% \pagestyle{empty}
%%%%

%%%% 定義環境 %%%%%
\usepackage{amsmath,amssymb}
\usepackage{amsthm}
\usepackage{verbatim}
\theoremstyle{definition}
\newtheorem{theorem}{定理}
\newtheorem{definition}{定義}
\newtheorem{proposition}{命題}
\newtheorem{lemma}{補題}
\newtheorem{corollary}{系}
\newtheorem{conjecture}{予想}
\newtheorem*{remark}{Remark}
\renewcommand{\proofname}{}
%%%%%%%%%

%%%%% フォント基本設定 %%%%%
\usepackage[T1]{fontenc}%8bit フォント
\usepackage{textcomp}%欧文フォントの追加
\usepackage[utf8]{inputenc}%文字コードをUTF-8
\usepackage{otf}%otfパッケージ
\usepackage{lxfonts}%数式・英文ローマン体を Lxfont にする
\usepackage{bm}%数式太字にほんごにほんご
%%%%%%%%%%
```

プリアンブル部の設定を変更する場合もありますが、基本的にはそのままの状態にしておくとよいでしょう。このプリアンブル部のおかげで、何も悩むことなくすぐにスライド作成を始められます。

プリアンブル部の続きを見てみると、\title、\author、\institute、\dateの記述が見つかります。

• タイトルなどの設定

```
\title[タイトル]{量子情報理論}
\author[]{山田健太郎}
\institute[JPN]{XX大学}
\date{\today}

```

\title、\author、\dateはこれまでに使ってきたものと同じで、以下のように適宜変更して使用します。なお、「タイトル略称」「著者略称」は省略できます。

```
\title[タイトル略称]{タイトル名}
\author[著者略称]{著者名}
\date{日付}
```

\instituteは著者の所属を設定する部分で、以下のような内容を入力します。所属略称は省略可能です。

```
\institute[所属略称]{所属}
```

具体的には、以下のように指定します。

```
\title{LaTeXの素晴らしき世界}
\author[Taro Yamada]{山田 太郎}
\institute[Tokyo univ.]{東京大学}
\date{2022/2/22}
```

そして、その下の\begin{document}から、最後の\end{document}の間に囲まれている部分が、スライドの内容の部分（本文部）です。ここにスライドの内容や構造などを書き入れて、スライドを作成します。

サンプルのソースコード

- **本文部（\begin{document}～\end{document}）**

```
\begin{document}

\begin{frame}[plain]\frametitle{}
\titlepage %表紙
\end{frame}

\begin{frame}\frametitle{Contents}
    \tableofcontents %目次
\end{frame}

%\section{楕円曲線暗号とは}

\section{基本的な環境とコマンド}
⋮

\section{文書内リンクの作成}
\begin{frame}{ジャンプ先があるページ}
Beamerには外部リンクのほかに文書の特定のページにジャンプする機能がある
\begin{block}{文書内リンク}
\hypertarget{test_target}{ここに飛ぶようにターゲットを設定}
\end{block}
\end{frame}
\begin{frame}
空白
\end{frame}
\begin{frame}{ボタンがあるページ}
\hyperlink{test_target}{\beamergotobutton{さっき設定したターゲットに飛ぶボタン}}
\end{frame}
\end{document}
```

本文部には、最初からサンプルのソースコードが書かれていますが、これからスライドの作成を練習するために、\begin{document} と \end{document} に囲まれた部分を削除しましょう。そしてここにさまざまなソースコードを書き入れて練習します。

不要な部分を削除したソースコードは下記の通りです。

● テンプレートの本文部を削除したソースコード

```
\documentclass[dvipdfmx, 11pt, notheorems]{beamer}
\usepackage{fancyvrb}
%%%% 和文用 %%%%%
\usepackage{bxdpx-beamer} % dvipdfmxで下のボタンを機能させる
\usepackage{pxjahyper} % 日本語でしおり機能を使う
\usepackage{minijs} % フォントメトリックをmin10 -> minijs
\usepackage{hyperref} % リンクを機能させる
\renewcommand{\kanjifamilydefault}{\gtdefault} % 既定和文フォントをゴシック体にする
⋮ (長いプリアンブル部)
\title[タイトル]{量子情報理論}
\author[]{山田健太郎}
\institute[JPN]{XX大学}
\date{\today}

\begin{document}

\end{document}
```

ここにソースコードを入力して練習する

◎ はじめてのスライドを作成する

では、いよいよはじめてのスライドを作ってみましょう。以下のソースコードをCloud LaTeXに入力し、プレビューしてください（プリアンブル部は省略）。

Sample6-1.tex

```
\documentclass[dvipdfmx, 11pt, notheorems]{beamer}
……プリアンブル部省略……
\title{はじめてのスライド}
\author{山田 太郎}
\institute{羅手府大学}
\date{\today}

\begin{document}
\maketitle
\begin{frame}
\frametitle{はじめてのスライド}
これがはじめてのスライドです。Hello \LaTeX !!
\end{frame}
\end{document}
```

プレビュー結果は以下のようになります。

- はじめてのスライド

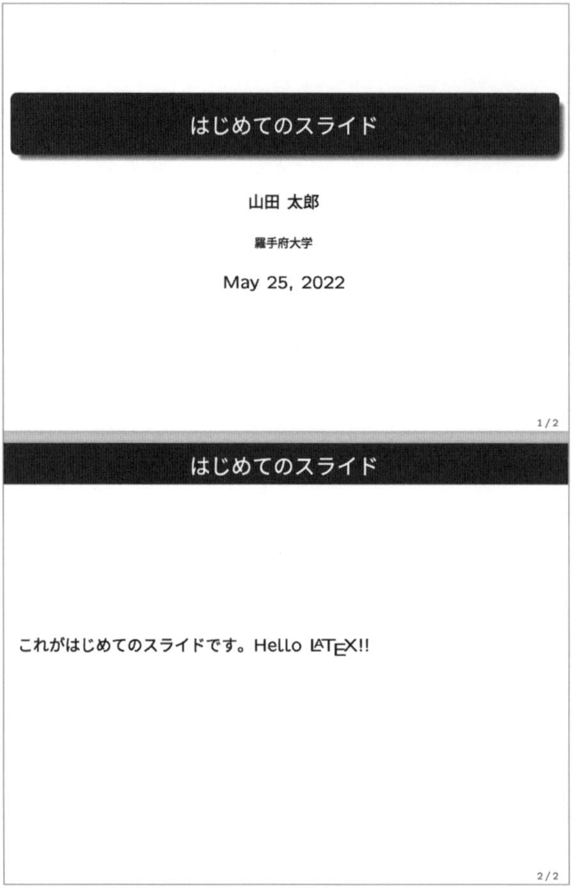

はじめてのスライド

山田 太郎

羅手府大学

May 25, 2022

1 / 2

はじめてのスライド

これがはじめてのスライドです。Hello LaTeX!!

2 / 2

タイトルと本文の合計 2 ページからなるスライドができました。

1-3 スライドの作り方

- スライド作成で使えるさまざまな命令を理解する
- スライドを作る
- スライド作成が文書作成と同様に行えることを実感する

タイトルの生成（\maketitle）

ほとんどの場合、スライドの最初のページにはタイトルページを挿入します。タイトルページを挿入するには、ソースコード内に **\maketitle** と記載します。タイトルページの内容は、プリアンブル部の \title、\author、\institute、\date によって決まります。文書作成の際に解説した \maketitle と使い方は同じです。先ほどのはじめてのスライドのソースコードにおける以下の部分です。

はじめてのスライドのソースコード

```
\documentclass[dvipdfmx, 11pt, notheorems]{beamer}
……プリアンブル部省略……
\title{はじめてのスライド}
\author{山田 太郎}
\institute{羅手府大学}
\date{\today}

\begin{document}
\maketitle
\begin{frame}
\frametitle{はじめてのスライド}
これがはじめてのスライドです。Hello \LaTeX !!
\end{frame}
\end{document}
```

タイトルページの内容（\title～\date の部分）

タイトル作成（\maketitle の部分）

ページの追加（frame 環境）

スライドの１ページは、ソースコードでは１つの **frame 環境** に対応します。先ほどのはじめてのスライドのソースコードにおいては以下の部分です。

はじめてのスライドのソースコード

```
\documentclass[dvipdfmx, 11pt, notheorems]{beamer}
……プリアンブル部省略……
\title{はじめてのスライド}
\author{山田 太郎}
\institute{羅手府大学}
\date{\today}

\begin{document}
\maketitle
\begin{frame}
\frametitle{はじめてのスライド}
これがはじめてのスライドです。Hello \LaTeX !!
\end{frame}
\end{document}
```

1ページ目

ページのタイトルは、**\frametitle{ タイトル名 }** を使って設定します。

以降は frame 環境を増やしてスライドの作成を進めていきます。最も頻繁に使う環境になるはずなので、覚えておきましょう。

◎ frame環境のオプション

frame 環境では、以下のようにオプションを指定することができます。

```
\begin{frame}[オプション名]
\frametitle{はじめてのスライド}
これがはじめてのスライドです。Hello \LaTeX !!
\end{frame}
```

各オプションの内容は以下の通りです。複数のオプションを同時に指定するときは、カンマ区切りでオプション名を書きます。

• **オプションの設定**

名前	内容
plain	このスライドのみヘッダ、フッタなどを表示しないようにする
shrink	1枚のスライドに入るよう、自動的に内容が縮小される
squeeze	1枚のスライドに入るよう、縦方向の空白行が縮小される
allowframebreaks	内容が1枚のスライドに入らないとき、自動的に複数のスライドに分割される
label=slide_title	このスライドに「slide_title」という名前を与える

文を枠で囲む（block環境）

文の一部をタイトル付きの枠で囲みたいときは**block環境**を使います。以下のソースコードをCloud LaTeXに入力し、プレビューしてください。

Sample6-2.tex

```
\documentclass[dvipdfmx, 11pt, notheorems]{beamer}
……プリアンブル部省略……
\title{はじめてのスライド}
\author{山田　太郎}
\institute{羅手府大学}
\date{\today}

\begin{document}
\maketitle
\begin{frame}
\frametitle{文を枠で囲む}
文を枠で囲むには、block環境を使います。
\begin{block}{文を枠で囲んでみましょう}  ← blockを追加
こんなふうに、文を枠で囲むことができます。
\end{block}
\end{frame}
\end{document}
```

プレビュー結果は以下のようになります。

● block環境で文を枠で囲む

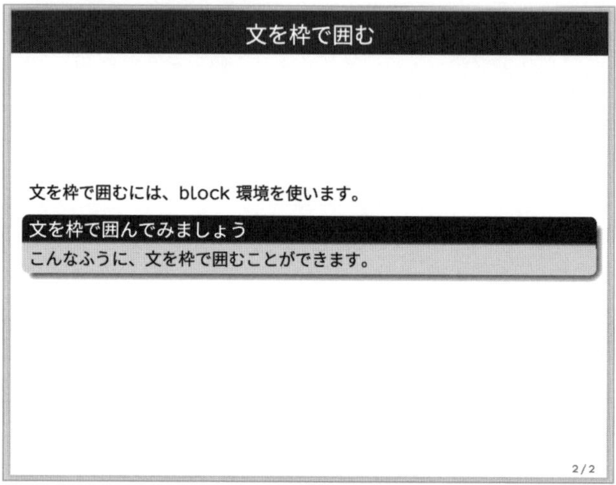

また、色違いの枠として、**alertblock 環境**（赤い枠）、**exampleblock 環境**（緑の枠）が用意されています※3。以下のソースコードを Cloud LaTeX に入力し、プレビューしてください。

● Sample6-3.tex

```
\documentclass[dvipdfmx, 11pt, notheorems]{beamer}
……プリアンブル部省略……
\title{はじめてのスライド}
\author{山田 太郎}
\institute{羅手府大学}
\date{\today}

\begin{document}
\maketitle
\begin{frame}
  \frametitle{文をいろいろな枠で囲む}
  いろいろな枠で文を囲んでみましょう。
    \begin{block}{block環境}
      block環境は青い枠
    \end{block}
    \begin{alertblock}{alertblock環境}
```

（← alertblockを追加）

※3 枠の色を自由に設定することもできますが、筆者の経験上３種類の枠があれば十分なため、本書では触れません。枠の色を自由に設定する方法はインターネットなどで調べてみてください。

```
      alertblock環境は赤い枠
    \end{alertblock}
    \begin{exampleblock}{exampleblock環境}  ← exampleblockを追加
      exampleblock環境は緑の枠
    \end{exampleblock}
\end{frame}
\end{document}
```

プレビュー結果は以下のようになります。

● いろいろな枠で文を囲む

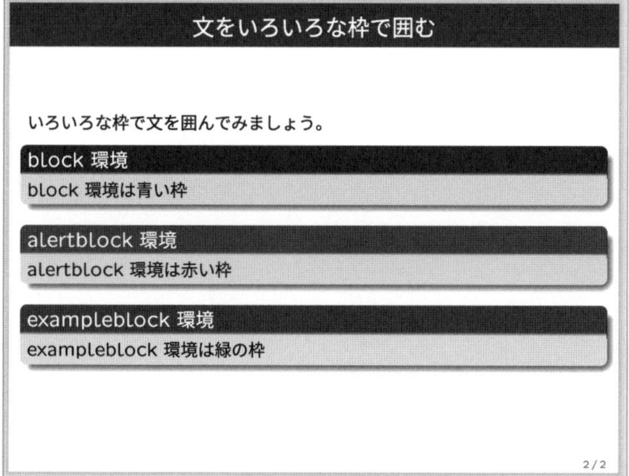

箇条書き

Beamer での箇条書きは、文書の場合と同じように、**itemize 環境**、**enumerate 環境**を使います。使い方も全く同じなので、戸惑うことはないでしょう。以下のソースコードを Cloud LaTeX に入力し、プレビューしてください。

Sample6-4.tex

```
\documentclass[dvipdfmx, 11pt, notheorems]{beamer}
……プリアンブル部省略……
\title{はじめてのスライド}
\author{山田 太郎}
```

```
\institute{羅手府大学}
\date{\today}

\begin{document}
\maketitle
  \begin{frame}
    \frametitle{箇条書きのテスト}
    itemize環境を使った箇条書きです。
    \begin{itemize}
      \item
      項目1
      \item
      項目2
    \end{itemize}

    enumerate環境を使った番号付き箇条書きです。
    \begin{enumerate}
      \item
      項目1
      \item
      項目2
    \end{enumerate}
  \end{frame}
\end{document}
```

itemizeを追加

enumerateを追加

プレビュー結果は以下のようになります。

● 箇条書き

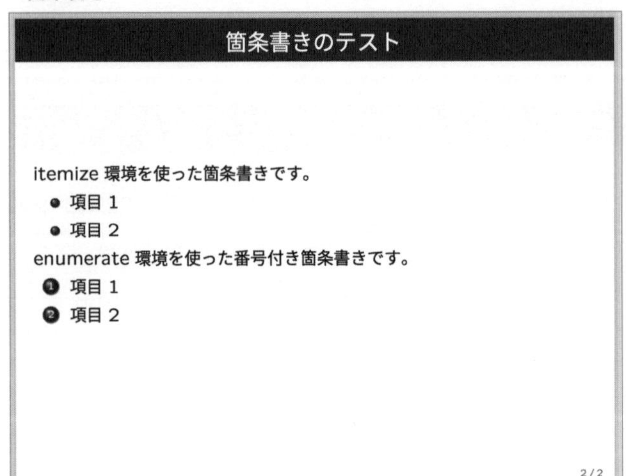

また、スライド作成において特に便利な箇条書きの環境に、**description環境**があります[※4]。

description環境を使うと、箇条書きの行頭記号を自由な文字列に設定できます。description環境による箇条書きでは、**\item[行頭記号]** のように、行頭記号に設定する文字列を都度指定します。以下のソースコードをCloud LaTeXに入力し、プレビューしてください。

Sample6-5.tex

```
\documentclass[dvipdfmx, 11pt, notheorems]{beamer}
……プリアンブル部省略……
\title{はじめてのスライド}
\author{山田 太郎}
\institute{羅手府大学}
\date{\today}

\begin{document}
\maketitle
\begin{frame}
  \frametitle{箇条書きのテスト}
  description環境を使った箇条書きです。
  \begin{description}
    \item[項目1]
    1つ目の項目です。
    \item[項目2]
    2つ目の項目です。
  \end{description}
\end{frame}
\end{document}
```

descriptionを追加

※4 desciption環境は通常の文書作成でも使用できますが、スライド作成において特に有用なので、ここで紹介しました。

- description環境による箇条書き

箇条書きのテスト

description 環境を使った箇条書きです。

項目 1　1つ目の項目です。

項目 2　2つ目の項目です。

2/2

数式

数式も、通常の文書作成と同じように挿入できます。インライン数式、ディスプレイ数式も通常の文書作成と同じように使い分けることができます。また、align 環境や equation 環境なども同じように使えます。

以下のソースコードを Cloud LaTeX に入力し、プレビューしてください。

Sample6-6.tex

```
\documentclass[dvipdfmx, 11pt, notheorems]{beamer}
……プリアンブル部省略……
\title{はじめてのスライド}
\author{山田 太郎}
\institute{羅手府大学}
\date{\today}

\begin{document}
\maketitle
\begin{frame}
\frametitle{数式のテスト}
関数$y=f(x)$の導関数$f'(x)$は以下のように定義されます。

\[ f'(x) = \lim_{h\to 0} \frac{f(x+h)-f(x)}{h} \]
\end{frame}
\end{document}
```

プレビュー結果は以下のようになります。

● **数式も簡単に挿入できる**

数式のテスト

関数 $y = f(x)$ の導関数 $f'(x)$ は以下のように定義されます。

$$f'(x) = \lim_{h \to 0} \frac{f(x+h) - f(x)}{h}$$

2 / 2

プレビュー結果から、数式のフォントが通常の文書作成とは異なるフォントになっていることがわかります。丸みのあるフォントですが、通常の文書作成と同じ数式フォントを使いたいこともあるでしょう。

この丸みのあるフォントは、Cloud LaTeXのテンプレートにおいてデフォルトで指定されている「Lxfont」というフォントです。Lxfontの使用を解除したい場合は、プリアンブル部の数式フォントの設定部分の行頭に「%」を入力してコメントアウトしましょう。

● **Lxfontの設定をコメントアウト**

```
%%%%% フォント基本設定 %%%%%
\usepackage[T1]{fontenc}%8bit フォント
\usepackage{textcomp}%欧文フォントの追加
\usepackage[utf8]{inputenc}%文字コードをUTF-8
\usepackage{otf}%otfパッケージ
%\usepackage{lxfonts}%数式・英文ローマン体を Lxfont にする
\usepackage{bm}%数式太字にほんごにほんご
%%%%%%%%%%
```

コメントアウト

もう一度プレビューすると、以下のように数式フォントが見慣れたものに変更されます。筆者はデフォルトのフォント（Computer Modern）が好みなので、Lxfont の設定はコメントアウトで無効にしておくことが多いです。

• Lxfontの設定をコメントアウトして見慣れた数式フォントに

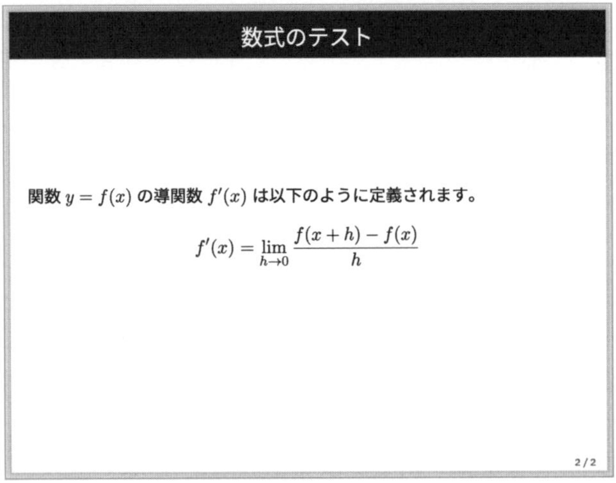

見出しと目次

スライドの最初に目次が付いていると、スライドの全体像が伝わりやすくなります。Beamer でスライドを作成する際は、通常の文書作成と同じように目次の自動生成が可能です。以下の手順で目次を自動生成します。

- 見出し命令（\section、\subsection、\subsubsection）をソースコードに挿入する
- 目次を生成したいところに \tableofcontents を挿入する

◎見出しの挿入

まずは、見出しを挿入したいスライドのページ（frame 環境）の直前に \section{ 見出し名 } を挿入します。以下のソースコードを Cloud LaTeX に入力してください。

Sample6-7.tex

```
\documentclass[dvipdfmx, 11pt, notheorems]{beamer}
……プリアンブル部省略……
\title{はじめてのスライド}
\author{山田 太郎}
\institute{羅手府大学}
\date{\today}

\begin{document}
\maketitle
\section{文章を枠で囲む}  ← \sectionを追加
\begin{frame}
  \frametitle{枠}
  Beamerでは枠を使用できます。
  \begin{block}{block環境}
    枠で囲われた文章。
  \end{block}
\end{frame}

\begin{frame}
  \frametitle{枠}
  Beamerでは他の色の枠も使用できます。
  \begin{alertblock}{alertblock環境}
    赤い枠で囲まれた文章。
  \end{alertblock}
  \begin{exampleblock}{exampleblock環境}
    緑の枠で囲まれた文章。
  \end{exampleblock}
\end{frame}

\section{箇条書きを行う}  ← \sectionを追加
\begin{frame}
  \frametitle{箇条書き}
  Beamerではitemizeによる箇条書きを使用できます。
  \begin{itemize}
    \item
    項目1
    \item
    項目2
  \end{itemize}
\end{frame}

\begin{frame}
  \frametitle{箇条書き}
```

```
  Beamerではenumerateによる箇条書きを使用できます。
  \begin{enumerate}
    \item
    項目1
    \item
    項目2
  \end{enumerate}
\end{frame}

\section{数式を挿入する}              %←\sectionを追加
\begin{frame}
\frametitle{数式}
Beamerでは数式を使用できます。
\[ x = \frac{-b \pm \sqrt{b^2 - 4ac}}{2a} \]
\end{frame}
\end{document}
```

ソースコード内に挿入した 3 つの \section 命令によって、スライド全体に以下のような構造が付与されました。

● スライドの構造

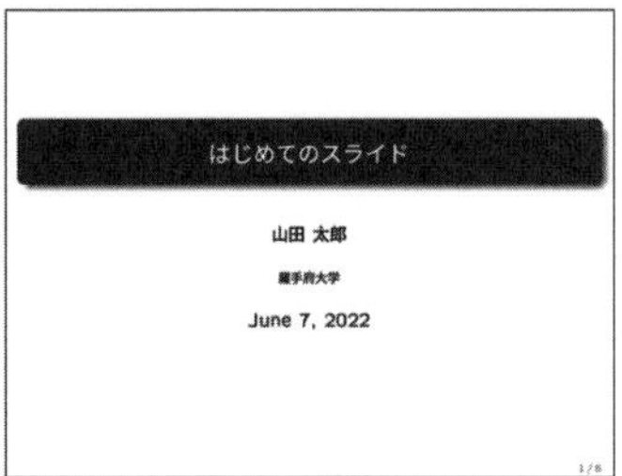

\section{文章を枠で囲む}

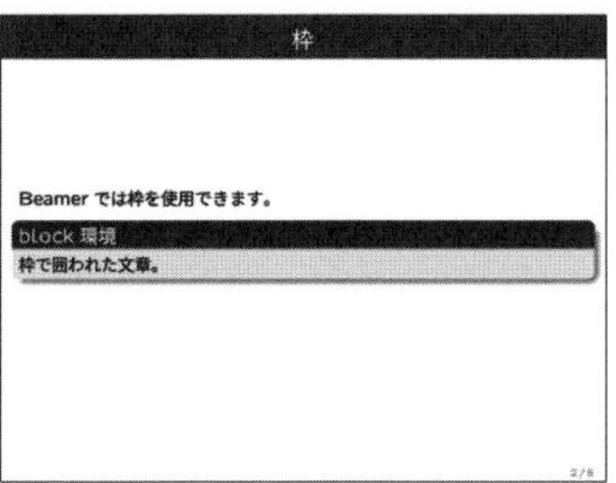

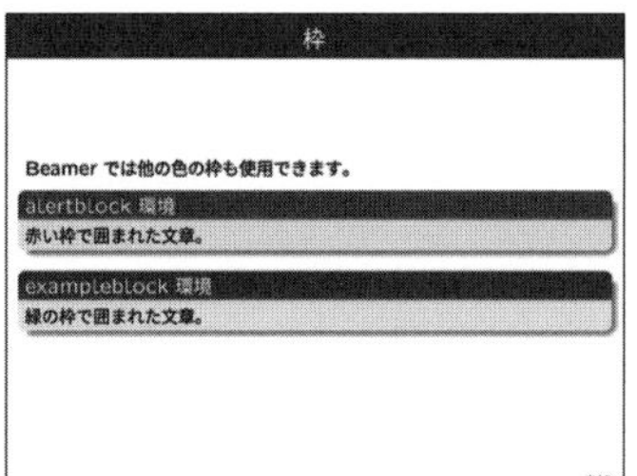

\section{箇条書きを行う}

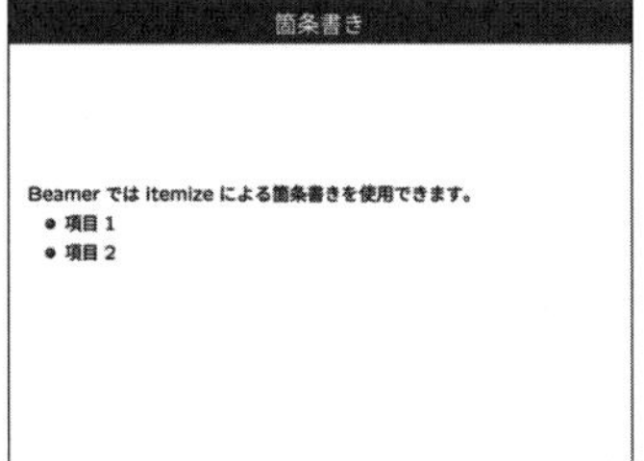

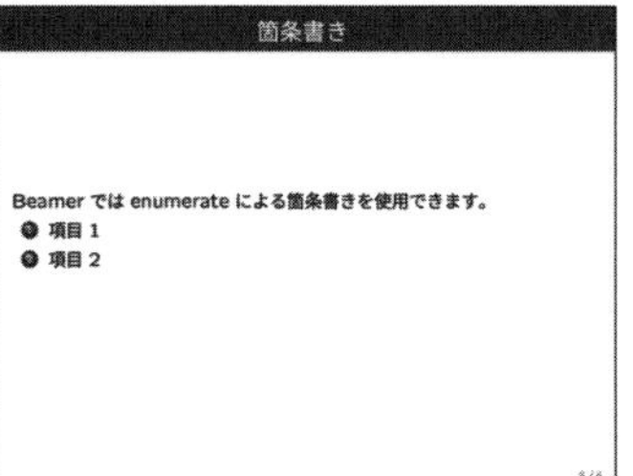

\section{数式を挿入する}

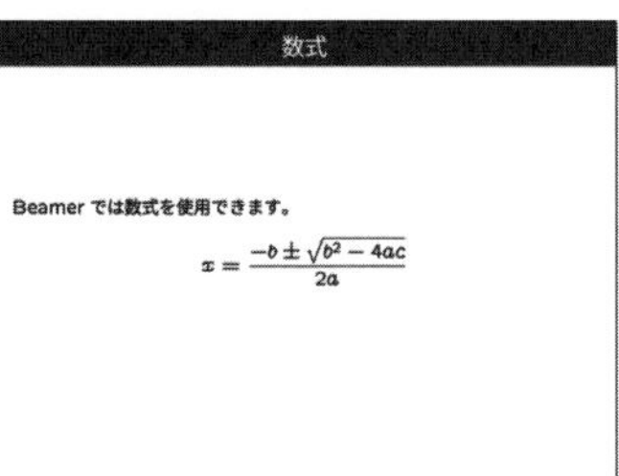

◎目次ページの追加

見出し構造の設定を終えたら、目次を挿入したいところに目次ページを追加します。ここでは、タイトルページの次のページに frame 環境を 1 つ追加し、その中に \tableofcontents と書いて目次を生成します。

Sample6-8.tex

```
\documentclass[dvipdfmx, 11pt, notheorems]{beamer}
……プリアンブル部省略……
\title{はじめてのスライド}
\author{山田 太郎}
\institute{羅手府大学}
\date{\today}

\begin{document}
\maketitle

\begin{frame}{目次}
\tableofcontents
\end{frame}

\section{文章を枠で囲む}
\begin{frame}
  \frametitle{枠}
  Beamerでは枠を使用できます。
  \begin{block}
    枠で囲われた文章。
  \end{block}
\end{frame}
……以下省略……
```

目次を追加

プレビュー結果を見ると、以下のような目次ページが追加されます。

- 目次ページが追加される

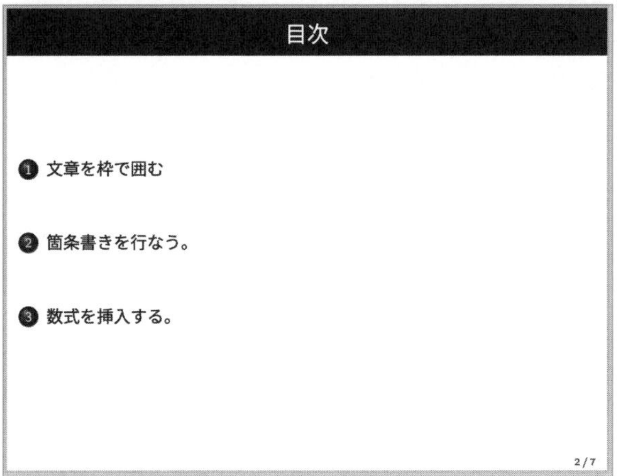

ちなみに、Beamerでも見出し命令として\subsectionや\subsubsectionを使って、より詳細な目次を作ることができます。しかし、あくまで発表用スライドなので、通常の文書作成ほど目次を詳細に作成する必要はありません。ひとまず\sectionだけ入れておけば十分と考えて問題ないでしょう。

◉ Beamerで使える見出し

Beamerで使える見出しは、以下の通りです。

- section
- subsection
- subsubsection

また、これらの見出しはデフォルトですべて目次に反映されます。part、chapter、paragraph、subparagraphはBeamerでは使えないので注意しましょう。

図表の挿入と相互参照

Beamer では、図表の挿入も通常の文書作成と同じように以下の方法で行うことができます。

● **図表の挿入**

名前	内容
図の挿入	figure環境、\includegraphicsを使う（プリアンブル部に\usepackage[dvipdfmx]{graphicx}が必要）
表の挿入	table環境、tabular環境を使う
相互参照	図、表、番号付き数式、見出しに付与したラベルを\refで相互参照する

図表には基本的にはキャプションとラベルを付与すべきというルールも、通常の文書作成と同様です。これらの内容は通常の文書作成と全く同じなので、あらためて解説は行いません。章末の練習問題で練習していただければ十分です。

スライドを順番に表示する

スライドを使って学会発表や授業を行う際に、「1 ページを一度に表示するのではなく、文や枠などを少しずつ順番に表示したい」というシチュエーションがあります。具体的には、以下のようにスライドの内容が進んでいく場合などです。

● **スライドの中身を少しずつ順番に表示する**

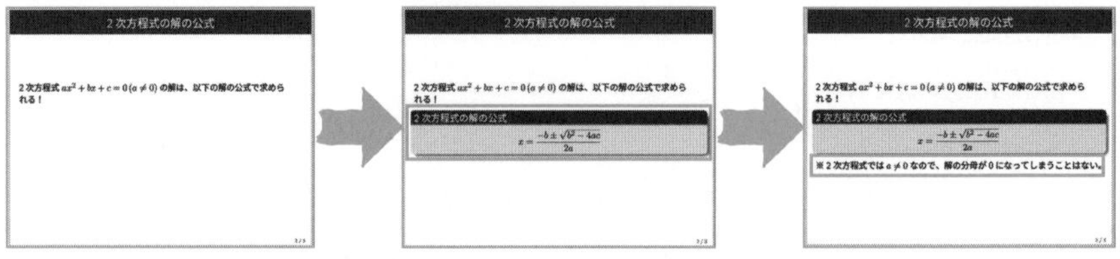

これを実現する Beamer 独自の命令に **pause 命令**があります。この命令の使い方は簡単で、表示の区切りのところに \pause と書くだけです。以下のソースコードを Cloud LaTeX に入力し、プレビューしましょう。

Sample6-9.tex

```
\documentclass[dvipdfmx, 11pt, notheorems]{beamer}
……プリアンブル部省略……
\title{はじめてのスライド}
\author{山田 太郎}
\institute{羅手府大学}
\date{\today}

\begin{document}
\begin{frame}
\frametitle{2次方程式の解の公式}
2次方程式$ax^2 + bx + c = 0 \,(a\neq 0)$の解は、以下の解の公式で求められる！ \pause   ← \pauseを追加
\begin{block}{2次方程式の解の公式}
\[ x = \frac{-b \pm \sqrt{b^2-4ac}}{2a} \]
\end{block} \pause   ← \pauseを追加

※2次方程式では$a\neq 0$なので、解の分母が0になってしまうことはない。
\end{frame}
\end{document}
```

プレビュー結果を見ると、\pauseを挿入した場所でスライドが分割され、複数ページに分かれて出力されていることがわかります。

● 1ページが複数に分割されて出力される（1段階目）

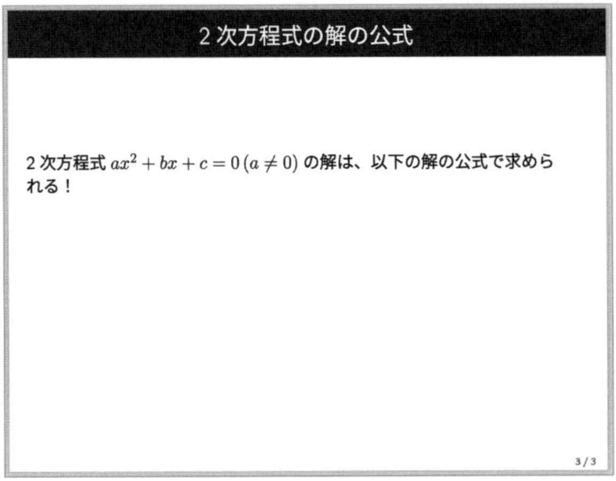

2次方程式の解の公式

2次方程式 $ax^2 + bx + c = 0\,(a \neq 0)$ の解は、以下の解の公式で求められる！

3/3

- 1ページが複数に分割されて出力される（2段階目）

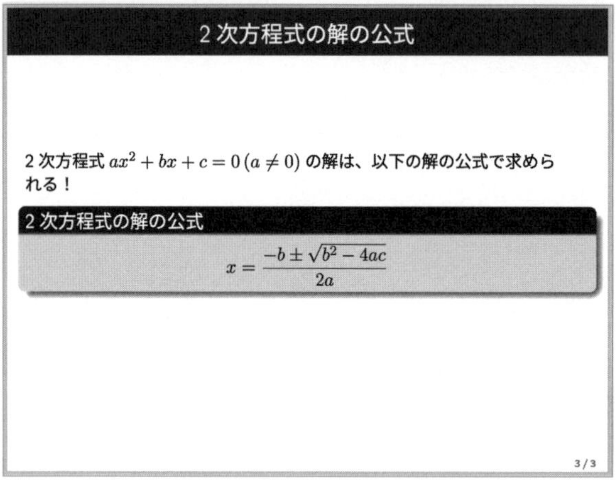

2次方程式の解の公式

2次方程式 $ax^2 + bx + c = 0\,(a \neq 0)$ の解は、以下の解の公式で求められる！

2次方程式の解の公式

$$x = \frac{-b \pm \sqrt{b^2 - 4ac}}{2a}$$

3 / 3

- 1ページが複数に分割されて出力される（3段階目）

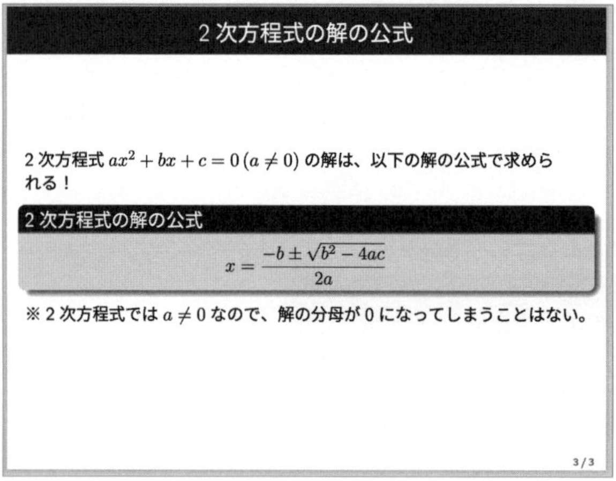

2次方程式の解の公式

2次方程式 $ax^2 + bx + c = 0\,(a \neq 0)$ の解は、以下の解の公式で求められる！

2次方程式の解の公式

$$x = \frac{-b \pm \sqrt{b^2 - 4ac}}{2a}$$

※2次方程式では $a \neq 0$ なので、解の分母が0になってしまうことはない。

3 / 3

実際に発表を行う際は、最終的な出力PDFファイルのページをスペースキーなどで順に切り替えながら表示すれば、1ページの内容が徐々に表示されることを擬似的に表現できるというわけです。BeamerはPowerPointやKeynoteのような派手な動きのあるスライドを作ることはできませんが、このくらいのシンプルな動きであれば簡単に表現できるのです。

テーマの設定

ここまではスライドのテーマ（デザイン）をデフォルトのまま使ってきましたが、テーマを切り替えることでスライド全体のデザインを簡単に変更できます。Beamer のテーマは一覧表を巻末に収録しています。さまざまなテーマを試して、自分好みのテーマを見つけてみましょう。

Beamer のテーマを変更するには、プリアンブル部の **\usetheme{ テーマ名 }** の部分を書き換えます。

- \usetheme{テーマ名}の部分

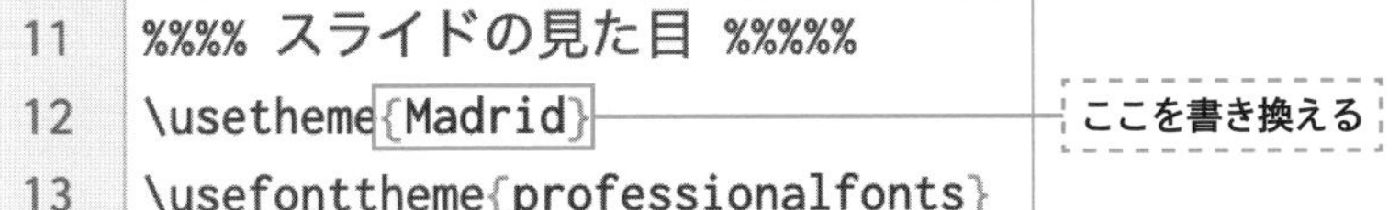
%%%% スライドの見た目 %%%%%
\usetheme{Madrid}
\usefonttheme{professionalfonts}
ここを書き換える

ここでは、一般的に使われることが多いテーマ「Copenhagen」を使ってみます。以下のソースコードを Cloud LaTeX に入力し、プレビューしましょう。

Sample6-10.tex

```
\documentclass[dvipdfmx, 11pt, notheorems]{beamer}
……プリアンブル部省略……
%%%% スライドの見た目 %%%%%
\usetheme{Copenhagen}
\usefonttheme{professionalfonts}
\setbeamertemplate{navigation symbols}{}
\setbeamertemplate{frametitle}[default][center]
% \setbeamercovered{transparent}% (好みに応じてどうぞ)
\setbeamertemplate{footline}[frame number] % ページ番号表示
\setbeamercolor{page number in head/foot}{fg=gray} % ページ番号の色
……プリアンブル部省略……
\title{はじめてのスライド}
\author{山田 太郎}
\institute{羅手府大学}
\date{\today}

\begin{document}
\maketitle
\section{文章を枠で囲む}
\begin{frame}
    \frametitle{枠}
```

テーマをCopenhagenに

6日目 スライドの作成

```
    Beamerでは枠を使用できます。
    \begin{block}{block環境}
        枠で囲われた文章。
    \end{block}
\end{frame}

\begin{frame}
    \frametitle{枠}
    Beamerでは他の色の枠も使用できます。
    \begin{alertblock}{alertblock環境}
        赤い枠で囲まれた文章。
    \end{alertblock}
    \begin{exampleblock}{exampleblock環境}
        緑の枠で囲まれた文章。
    \end{exampleblock}
\end{frame}

\section{箇条書きを行う。}
\begin{frame}
    \frametitle{箇条書き}
    Beamerではitemizeによる箇条書きを使用できます。
    \begin{itemize}
        \item
        項目1
        \item
        項目2
    \end{itemize}
\end{frame}

\begin{frame}
    \frametitle{箇条書き}
    Beamerではenumerateによる箇条書きを使用できます。
    \begin{enumerate}
        \item
        項目1
        \item
        項目2
    \end{enumerate}
\end{frame}

\section{数式を挿入する。}
\begin{frame}
\frametitle{数式}
Beamerでは数式を使用できます。
```

```
\[ x = \frac{-b \pm \sqrt{b^2 - 4ac}}{2a} \]
\end{frame}
\end{document}
```

プレビュー結果を見てみると、全体の印象が大きく変わり、しかもページ上部に簡易的な目次が表示されていることがわかります。この機能はCopenhagen特有のもので、学会発表などでよく使われている印象があります。他のテーマも、バリエーションに富んだデザインと工夫が随所に施されているので、ぜひいろいろなテーマを試して、自分にあったテーマを見つけてください。

● Copenhagenテーマを適用したスライド

はじめてのスライド
山田 太郎
羅手府大学
February 8, 2022
1/6

2 練習問題

正解は 272 ページ

 問題 6-1 ★★☆ 

自己紹介スライドを Beamer で作成せよ。以下の項目を必ず入れること。

- 自己紹介ページ（名前、年齢、出身地、職業、趣味など）
- 趣味についての紹介ページ
- 今年成し遂げたいことの紹介ページ

また、箇条書き、文章の枠囲み、目次を必ず収録し、いくつかの図を挿入して相互参照を行うこと。\pause 命令もいくつか使ってみること。

 問題 6-2 ★★☆ 

5 日目で作成した「レオンハルト・オイラーについて」を、Beamer を使ってスライドとして作り直せ。箇条書き、文章の枠囲み、目次を必ず収録し、図表は相互参照を行うこと。\pause 命令もいくつか使ってみること。

7日目

覚えておきたい知識

① 覚えておきたいさまざまな知識
② 練習問題

1 覚えておきたいさまざまな知識

- LaTeX で覚えておきたいさまざまな知識を理解する
- 実際にさまざまな知識を使って文書を洗練する

1-1 ページレイアウト

- ページレイアウトの確認、設定方法を理解する
- ページレイアウトを変更する

ページ余白の設定

ページのレイアウトは、ドキュメントクラスを切り替えることである程度実現できましたが、LaTeX にはより詳細にレイアウトを設定する方法も用意されています。

通常はドキュメントクラスを適切に選びさえすれば、ページの余白の設定を変更する必要はありませんが、ときには文書の余白を詳細に設定したくなることもあるでしょう。LaTeX では、ページの余白を細かく設定することも可能です。

◎レイアウトの確認

余白を設定する前に、\layout という命令を使ってページのレイアウトがどのような構造になっているのかを確認しましょう。layout.sty をプリアンブル部で読み込む必要があるので注意が必要です。以下のソースコードを Cloud LaTeX に入力し、プレビューしてください。

Sample7-1.tex

```
\documentclass{jsarticle}
\usepackage{layout}
\begin{document}
\layout
\end{document}
```

プレビュー結果を見ると、ページのレイアウト構造が図として出力されます。このレイアウト図は、上にページの各部の余白の名称、下に現在の余白のサイズが一覧表示されます。

● ページのレイアウト構造

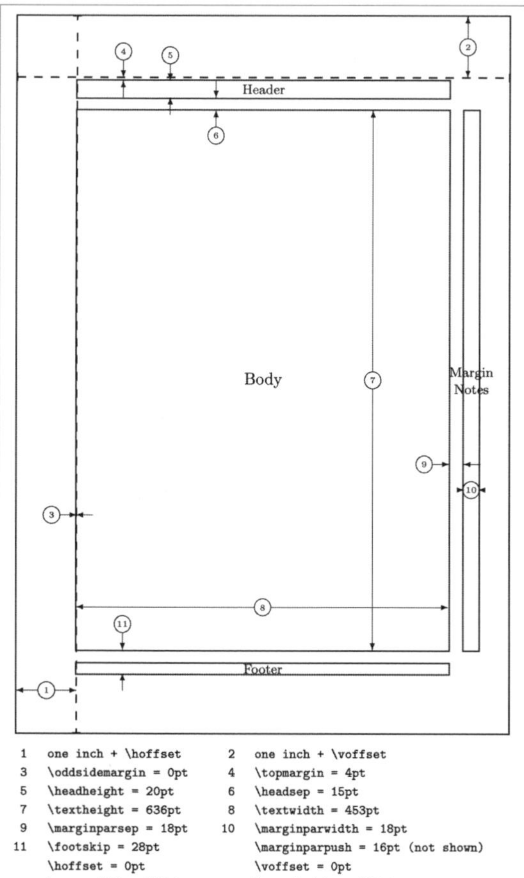

◎レイアウトの変更

レイアウトをユーザ自身が変更する際は、geometry.styというスタイルファイルを使います。具体的には、以下のようにgeometry.styを読み込む際に、body部の上下左右の余白幅をそれぞれtop、bottom、left、rightで指定します。

Sample7-2.tex

```
\documentclass{jsarticle}
\usepackage[top=20mm,bottom=20mm,left=20mm,right=20mm]{geometry}
\begin{document}
\section{レイアウトを変更した文書}
geometry.styを使って、レイアウトを変更してみたページです。bodyブロックの上下左右の余白が調整され、本文のスペースが広くなったことがわかりますね。
\end{document}
```

プレビュー結果から、本文部の上下左右の余白が狭くなり、本文のスペースが広く確保できていることがわかります。また、最初に行ったように\layoutを使ってレイアウトが変更されていることを確認することもできます。

● 本文部の上下左右の余白が狭くなり、本文部が広くなった

1　レイアウトを変更した文書

geometry.sty を使って、レイアウトを変更してみたページです。body ブロックの上下左右の余白が調整され、本文のスペースが広くなったことがわかりますね。

◎ 余白設定はgeometry.styを使う

Web サイトや他の参考書などでは、geometry.sty を使わずにプリアンブル部に余白の設定を 1 行ずつ書いて手動で余白を調整する方法が説明されていることもありますが、その方法は極力避け、geometry.sty を使って余白設定を行うのが賢明です。

というのも、余白設定を geometry.sty を使わずに手動で行ったソースコードは、以下の例のようにプリアンブル部が冗長になり、読みにくいソースコードの原因となるからです。

```
\setlength{\textheight}{20mm}
\setlength{\textheight}{39\baselineskip}
\addtolength{\textheight}{\topskip}
\setlength{\oddsidemargin}{1cm}
\setlength{\textwidth}{45zw}
...
```

注意

余白の設定を手動で行うとプリアンブル部が冗長になるため、geometry.sty を使って余白を調整しましょう。

また、これらの余白を表すパラメータは、LaTeX の基本的な考え方にもとづくと「直接操作すべきではない」ものなので、どうしても余白を調整したい場合に限り、geometry.sty を使って安全に余白調節を行うべきでしょう。

2 段組レイアウト

学術論文などでは、ページが左右に分かれた「2 段組」のページレイアウトがよく使われます。LaTeX で「2 段組」レイアウトを実現するには、ドキュメントクラスのオプションに twocolumn を指定します。以下のソースコードを Cloud LaTeX に入力し、プレビューしましょう。

Sample7-3.tex

```
\documentclass[twocolumn]{jsarticle}
\title{2段組の文書}
\author{山田 太郎}
\date{\today}
\begin{document}
\maketitle
```

← twocolumnを追加

```
\section{2段組の文書}
ドキュメントクラスにtwocolumnというオプションを指定するだけで、このような2段組の文書が実現できます。論文などは、わりとこの2段組のレイアウトを使って書かれることが多いです。
文章が長くなり、ページの左側が埋まったら、自動的に右側に続きの内容が移行します。試しに、強制的に改ページしてみましょう。
\newpage
改ページをすると、右側に文章が移行しました。
\end{document}
```

プレビュー結果は以下のようになります。\newpage は通常は強制改ページの命令で、2 段組の場合は段の移動の意味も含まれます。

● 2段組レイアウト

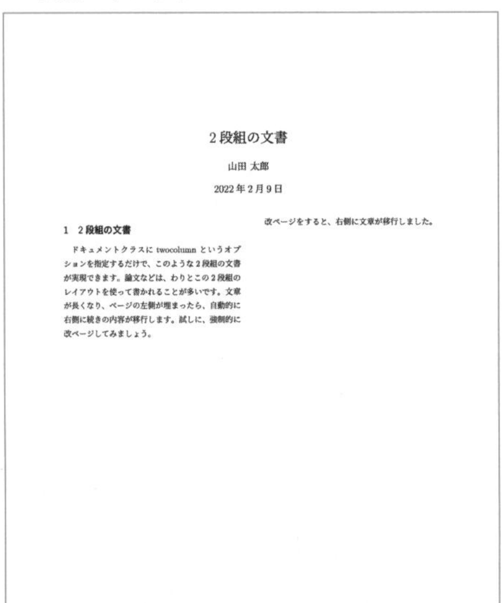

2 段組の文書

山田 太郎

2022 年 2 月 9 日

1　2 段組の文書

ドキュメントクラスに twocolumn というオプションを指定するだけで、このような 2 段組の文書が実現できます。論文などは、わりとこの 2 段組のレイアウトを使って書かれることが多いです。文章が長くなり、ページの左側が埋まったら、自動的に右側に続きの内容が移行します。試しに、強制的に改ページしてみましょう。

改ページをすると、右側に文章が移行しました。

◎ 2段組の真ん中に罫線を入れる

左の段と右の段の区切りに罫線を入れたいときには、プリアンブル部に以下のように記載します。

```
\setlength{\columnseprule}{0.4pt}
```

0.4pt は罫線の太さを表します（好きな太さに変更できます）。以下のソースコードを Cloud LaTeX に入力し、プレビューしてください。

Sample7-4.tex

```
\documentclass[twocolumn]{jsarticle}
\setlength{\columnseprule}{0.4pt}
\title{2段組の文書}
\author{山田 太郎}
\date{\today}
\begin{document}
\maketitle
\section{2段組の文書}
ドキュメントクラスにtwocolumnというオプションを指定するだけで、このような2段組の文書が実現できます。論文などは、わりとこの2段組のレイアウトを使って書かれることが多いです。
文章が長くなり、ページの左側が埋まったら、自動的に右側に続きの内容が移行します。試しに、強制的に改ページしてみましょう。
\newpage
改ページをすると、右側に文章が移行しました。
\end{document}
```

\setlength～を追加

● 2段組の間に罫線が挿入される

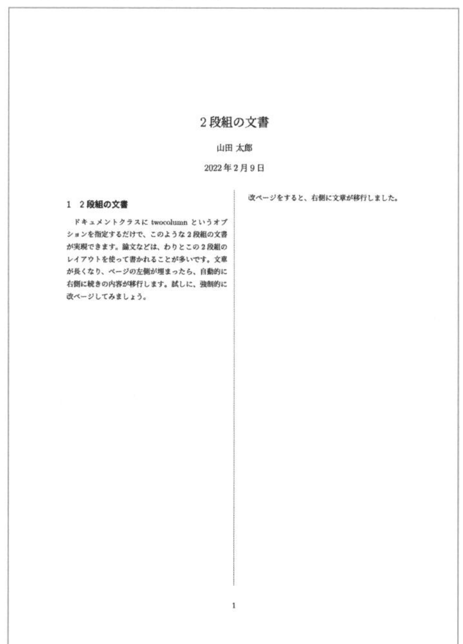

2 段組の文書

山田 太郎

2022 年 2 月 9 日

1 2 段組の文書

ドキュメントクラスに twocolumn というオプションを指定するだけで、このような 2 段組の文書が実現できます。論文などは、わりとこの 2 段組のレイアウトを使って書かれることが多いです。文章が長くなり、ページの左側が埋まったら、自動的に右側に続きの内容が移行します。試しに、強制的に改ページしてみましょう。

改ページをすると、右側に文章が移行しました。

1

◎図や表だけ2段組を解除する

図や表の部分だけ2段組を解除するには、figure環境、table環境の代わりに、**figure*環境**、**table*環境**を使います。以下のソースコードをCloud LaTeXに入力し、プレビューしましょう。lenna.pngは、プロジェクト内に事前にアップロードしておく必要があります。

Sample7-5.tex

```
\documentclass[twocolumn]{jsarticle}
\usepackage[dvipdfmx]{graphicx}
\setlength{\columnseprule}{0.4pt}
\title{2段組の文書}
\author{山田 太郎}
\date{\today}
\begin{document}
\maketitle
\section{2段組の文書}
図や表を挿入するときだけ2段組を解除することができます。例えば、図を挿入してみます。
\begin{figure*}[htbp]     ← figure*を追加
    \centering
    \includegraphics[scale = 0.5]{lenna.png}
    \caption{lenna.png}
    \label{fig:lenna}
\end{figure*}
さらに、表も挿入してみましょう。
\begin{table*}[htbp]     ← table*を追加
    \caption{各試験の点数}
    \label{tab : score}
    \centering
    \begin{tabular}{|l||c|c|c|c|}
        \hline
        名前＼科目 & 国語 & 数学 & 理科 & 社会 \\
        \hline \hline
        田中 太郎 & 30 & 65 & 80 & 70 \\
        \hline
        佐藤 次郎 & 91 & 74 & 95 & 12 \\
        \hline
        鈴木 花子 & 84 & 98 & 100 & 68 \\
        \hline
    \end{tabular}
\end{table*}
\end{document}
```

プレビューすると図や表の部分だけは2段組が解除されていますが、図と表が想定した位置に挿入されていません。

● **図表の2段組が解除されたが想定と異なる位置に図表が挿入される**

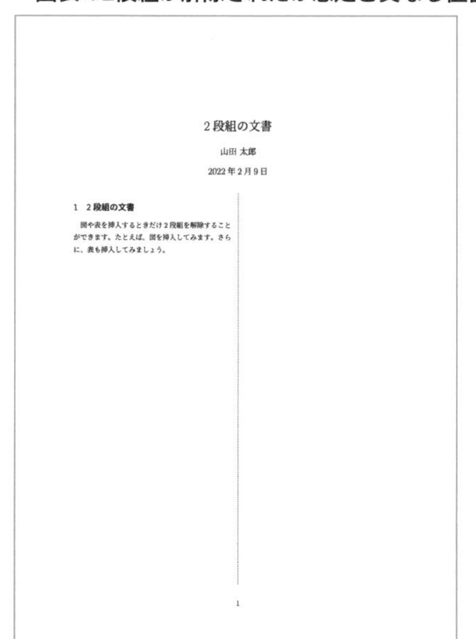

2段組の文書

山田 太郎

2022年2月9日

1 2段組の文書

図や表を挿入するときだけ2段組を解除することができます。たとえば、図を挿入してみます。さらに、表も挿入してみましょう。

1

図1 lenna.png

表1 各試験の点数

名前＼科目	国語	数学	理科	社会
田中 太郎	30	65	80	70
佐藤 次郎	91	74	95	12
鈴木 花子	84	98	100	68

2

ここで「位置指定をHにすればよいのでは？」と気づく方もいるかもしれません。しかし、試していただければわかる通り、figure* 環境、table* 環境は here.sty の「強制位置指定」Hに対応しておらず、うまく動作しないのです。

この問題を解決し、2段組を解除した図や表をページの途中に挿入する方法もないわけではありません。しかし、その方法は特殊です。このあと述べているような理由から、特に2段組を使うようなフォーマルな理系文書では図表の位置はそこまで気にする必要はありません。「特定の位置に図表を挿入したいときだけ、段をまたがない図表を挿入する」と割り切ったほうがよいでしょう。

◎ なぜ図表の位置指定は不便なのか

2段組の段をまたぐ図表の挿入では、挿入する位置を指定できないことを取り上げましたが、これには理由があります。LaTeX による文書作成において、**「図表の位置」はそこまで大きな意味を持たない**ためです。

まず、LaTeX の基本となる考え方は「人間は文書の内容、構造」に集中し、「LaTeX

にレイアウトや番号付け」を任せるという「役割分担」です。それはつまり「図表の位置に人間は関与せず、LaTeXにその指定を任せた」ほうが、LaTeXの基本の考え方に沿っているといえます。しかし、それが人間の思った位置と一致するかというと、必ずしもそうではありません。

それに対する救済措置として、here.styによる強制位置指定Hが用意されています。しかし、図表には以下のルールがあったことを思い出してください。

- **図表にはキャプションとラベルを「必ず」付与し、相互参照を「必ず」行う**

つまり、文中で図表について言及（参照）するときに、「下の図は」「このページの一番上にある表は」というように**「場所を示して図表に言及」をするのは不適切**です。文中で図表に言及するときは、「図1は」「表2を見ると」のように、あくまで「相互参照」を使って「図表番号によって言及」します。

つまり、図表の相互参照のルールを守ってさえいれば、図表はもはや「どこにあろうが関係ない」ということです。特に、2段組が多用されるフォーマルな理系文書（論文など）において、このルールは徹底されるのが一般的です。

多段組レイアウト（multicols環境）

2段組レイアウトは実現できましたが、実は3段組、4段組といった「多段組」を同じ方法で実現することはできません※1。

そこで役立つのが**multicols環境**で、multicol.styを読み込むと使えます。前述の方法よりもより柔軟に、さまざまな多段組を扱える非常に便利な機能です。以下のソースコードのように、多段組を指定したい部分を\begin{multicols}{段数}～\end{multicols}で囲みます。Cloud LaTeXに入力し、プレビューしてください。段の境目がわかりやすいように、段の間には2段組のときと同じ方法で罫線を引いてあります。

Sample7-6.tex

```
\documentclass{jsarticle}
\usepackage{multicol}
\setlength{\columnseprule}{0.4pt}
\usepackage[dvipdfmx]{graphicx}
\title{多段組の文書}
```

※1 もっとも、4段組以上の段組みを使うシチュエーションはまずないといっていいでしょう。しかし、3段組に関してはごくまれに必要になることがあります。

```
\author{山田 太郎}
\date{\today}
\begin{document}
\maketitle
\section{多段組の文書}
まずは2段組から。
\begin{multicols}{2}
ここは2段組です。こんなふうに、文書中の好きなところだけ段組みにできるので便利です。こうやってつらつらと文章を書いていると、自動的に2段組の部分の行数が調整され，2つの段に分かれて文章が表示されていますね。
\end{multicols}
さぁ、次は3段組です！
\begin{multicols}{3}
ということで次は3段組です。3段組くらいまでなら、ギリギリ必要になることもあるかなぁと思います。段組みは多すぎると結局文章全体が見づらくなってしまうので、何事も程々に、という感じですね。ほら、ちゃんと3段組になってるでしょう？
\end{multicols}
いよいよ4段組です！
\begin{multicols}{4}
4段組スタート！しかし、これは少なくとも僕は使ったことがないなぁというのが正直なところ。1段に収まる文章の量も少ないですし、お世辞にも「見やすい！」とは言えないですね。まぁ、一応こういう段組みもサポートはされていますよということだけ覚えておけばいいのではないでしょうか。では、おつかれさまでした。
\end{multicols}
\end{document}
```

\begin{multicols}を追加

プレビュー結果は以下の通りです。multicols 環境によって、柔軟に文中に多段組レイアウトが導入できていますね。

● 多段組レイアウト

多段組の文書

山田 太郎

2022 年 2 月 12 日

1　多段組の文書

まずは 2 段組から。

ここは 2 段組です。こんなふうに、文書中の好きなところだけ段組みにできるので便利です。こうやってつらつらと文章を書いていると、自動的に 2 段組の部分の行数が調整され，2 つの段に分かれて文章が表示されていますね。

さぁ、次は 3 段組です！

ということで次は 3 段組です。3 段組くらいまでなら、ギリギリ必要になることもあるかなぁと思います。段組みは多すぎると結局文章全体が見づらくなってしまうので、何事も程々に、という感じですね。ほら、ちゃんと 3 段組になってるでしょう？

いよいよ 4 段組です！

4 段組スタート！しかし、これは少なくとも僕は使ったことがないなぁというのが正直なところ。1 段に収まる文章の量も少ないですし、お世辞にも「見やすい！」とは言えないですね。まぁ、一応こういう段組みもサポートはされていますよということだけ覚えておけばいいのではないでしょうか。では、おつかれさまでした。

1

ちなみに、文章中で強制的に段を移動したいときは \newpage ではなく、専用の命令 \columnbreak を使います。しかし、やむを得ない場合を除いてあまり使わないほうがよいでしょう。

1-2 索引

POINT

- 索引を自動生成する方法を理解する
- 索引を自動生成する

索引の追加

一般的な書籍では、本の中で使われている用語が五十音順になってページ数とセットになって載っている**索引**をよく見かけるでしょう。LaTeX には書籍用のドキュメントクラス jbook や jsbook が用意されていましたが、当然、索引を作成する機能も用意されています。しかも、索引は文中に簡単な仕掛けをしておくだけで、LaTeX が自動生成してくれます。

索引を生成するには、以下の手順が必要です。

- **\usepackage{makeidx} で、makeidx.sty を読み込む**
- **プリアンブル部に \makeindex を記載する**
- **本文中の索引に収録したい言葉の直後に \index{ よみ @ 索引項目 } を書いてマークする**
- **索引を出力する位置（通常は文末、つまり \end{document} の直前）に \printindex を記入する**

実際にソースコードを書いてみるとイメージしやすいため、ドキュメントクラス jsbook を使って作った文書で試しましょう。Cloud LaTeX に入力し、プレビューしてください。ちなみに、\verb という命令は 3 日目で解説した verbatim 環境の簡易版で、\verb| ソースコードなどの文字列 | と書くと、そのままの形で文書に反映されます。

Sample7-7.tex

```
\documentclass{jsbook}
\usepackage[dvipdfmx]{graphicx}
\usepackage{enumerate}
```

```
\usepackage{makeidx}  ← \usepackage{makeidx}を追加
\makeindex  ← \makeindexを追加
\title{索引のテスト}
\author{山田 太郎}
\date{\today}
\begin{document}
\maketitle
\chapter{\LaTeX の索引機能}
教科書や参考書のような書籍を読んでいると、索引\index{さくいん@索引}を見かけることが多いでしょう。索引が付いていると、読者が重要単語の書かれたページだけを簡単に拾い読みできるようになり非常に便利です。\LaTeX \index{らてふ@\LaTeX} では、索引を自動生成してくれるとても便利な機能があります。  ← \index～を追加

\section{事前設定}
索引を付けたい文書では、以下の設定をする必要があります。
\begin{enumerate}[(1)]
\item
\verb|\usepackage{makeidx}| で、 \verb|makeidx.sty| を読み込む。
\item
プリアンブル部\index{ぷりあんぶるぶ@プリアンブル部}に \verb|\makeindex| を記載する。
\item
本文中の索引に収録したい言葉の直後に \verb|\index{よみ@索引項目}| を書いてマーク\index{まーく@マーク}。
- 索引を出力する位置（通常は文末、つまり \verb|\end{document}|  の直前）に \verb|\printindex| を記入。
\end{enumerate}

そして、最終的に文書を出力すると、そこには索引ページが自動生成されます。

\section{索引があると嬉しいこと}
なんといっても、索引があると、読者が重要だと思う単語のページだけを拾い読み\index{ひろいよみ@拾い読み}しやすくなり、とても便利なのです。Microsoft Office\index{まいくろそふとおふぃす@Microsoft Office}のWord\index{わーど@Word}でも索引作成機能\index{さくいんさくせいきのう@索引作成機能}がありますが、\LaTeX を使って作った索引は、なんといってもレイアウト\index{れいあうと@レイアウト}などが完全自動調整されるので、まるで教科書のような美しい見た目になります。

\section{単語の収録ページ数と順番は自動調整される}
```

```
そして、索引に収録したページ数は自動的にふられ、収録順はあいうえお順（辞書式順序\index{じしょしきじゅんじょ@辞書式順序}）に自動的に並び替えられます。手入力\index{てにゅうりょく@手入力}で索引を作ろうと思うと、それはかなりしんどい作業となりますが、やはりそこは\LaTeX の機能におまかせしてしまおうという考え方です。
\printindex
\end{document}
```

\printindexを追加

プレビュー結果を見ると、本文のあとに索引ページが自動生成されています。本文が長くなるほど、自動的に索引も増えていきます。

- **本文**

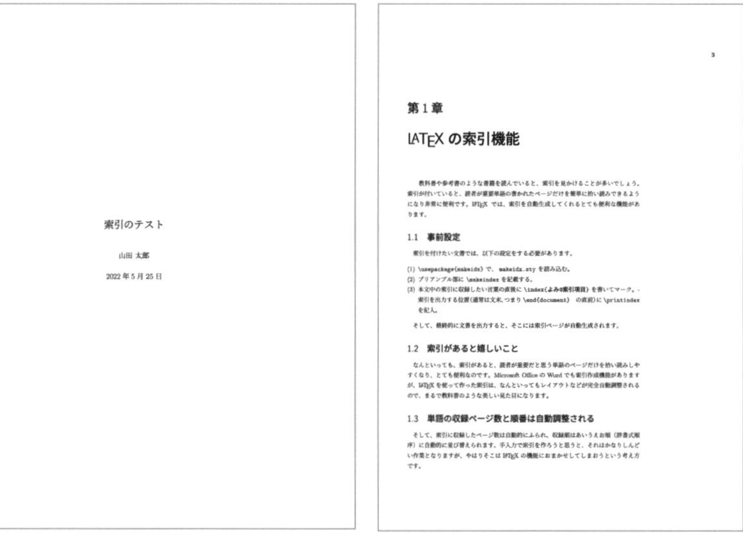

索引のテスト

山田 太郎

2022 年 5 月 25 日

3

第 1 章

LATEX の索引機能

教科書や参考書のような書籍を読んでいると、索引を見かけることが多いでしょう。索引が付いていると、読者が重要単語の書かれたページだけを簡単に拾い読みできるようになり非常に便利です。LATEX では、索引を自動生成してくれるとても便利な機能があります。

1.1 事前設定

索引を付けたい文書では、以下の設定をする必要があります。

(1) \usepackage{makeidx} で、makeidx.sty を読み込む。
(2) プリアンブル部に \makeindex を記載する。
(3) 本文中の索引に収録したい言葉の直後に \index{よみ@索引項目} を書いてマーク。- 索引を出力する位置(通常は文末、つまり \end{document} の直前)に \printindex を記入。

そして、最終的に文書を出力すると、そこには索引ページが自動生成されます。

1.2 索引があると嬉しいこと

なんといっても、索引があると、読者が重要だと思う単語のページだけを拾い読みしやすくなり、とても便利なのです。Microsoft Office の Word でも索引作成機能がありますが、LATEX を使って作った索引は、なんといってもレイアウトなどが完全自動調整されるので、まるで教科書のような美しい見た目になります。

1.3 単語の収録ページ数と順番は自動調整される

そして、索引に収録したページ数は自動的にふられ、収録順はあいうえお順（辞書式順序）に自動的に並び替えられます。手入力で索引を作ろうと思うと、それはかなりしんどい作業となりますが、やはりそこは LATEX の機能におまかせしてしまおうという考え方です。

- **索引**

4

索引

索引, 3
索引作成機能, 3
辞書式順序, 3
手入力, 3
拾い読み, 3
プリアンブル部, 3
マーク, 3
Microsoft Office, 3
LATEX, 3
レイアウト, 3
Word, 3

◉ LaTeX昔話 〜タイプセットは2回やれ！？

今でこそ、Cloud LaTeX を使えば簡単に索引を作ることができますが、かつてはCloud LaTeX のような便利なツールは存在しませんでした。そのため LaTeX を使いたければ、コンピュータ内の LaTeX の環境（ローカル環境）を構築し、その環境下で文書を作成するしかなかったのです。そしてそもそもそのローカル環境の構築が異常に難しかったんですよね。

そして、索引や目次を作る場合、タイプセットを 2 〜 3 回やらないと、文書に索引や目次が反映されませんでした。

理由を大まかに説明すると、そもそも索引や目次を作るときは「索引情報」や「目次情報」を格納するための大量のファイルが生成され、すべて処理しきるためにはタイプセットを何度もしなければならないというものでした。Cloud LaTeX はそのあたりを気にせずに 1 回のタイプセットだけで索引も目次も反映されるので、昔からのユーザであるほど「素晴らしい……」と感嘆のため息を漏らしてしまいがちです。

1-3 参考文献

- 参考文献リストの作り方を理解する
- 参考文献リストを作る
- 文献データベース（BibTeX）を知る

参考文献リストの作成

論文や書籍を執筆する際には、参考文献を巻末にまとめて収録する機会が多くなります。LaTeX には、参考文献リストを作成する専用の機能もあります。

「参考文献のリストは、itemize や enumerate を使って箇条書きで書けばいいのでは？」と考える方もいるかもしれません。しかし、参考文献の書き方には「ルール」があります。LaTeX の専用の機能を使うと、細かな作法を気にすることなく、参考文献リストを実現できます。

thebibliography 環境

参考文献リストを生成するには、thebibliography 環境を使います。まずは以下のソースコードを CloudLaTeX に入力し、プレビューしましょう。

Sample7-8.tex

```
\documentclass{jsarticle}
\title{オイラーの公式}
\author{数学 太郎}
\date{\today}
\begin{document}
\section{オイラーの公式}
レオンハルト・オイラーによる結果の中で最も有名なのは、以下の\textbf{オイラーの公式（Euler's formula）}ではないでしょうか。
\[ e^{ix} = \cos{x} + i\sin{x} \]

特に、両辺に$x=\pi$を代入した以下の結果は「宝石」と呼ばれるほど美しい結果と言われています。

\[ e^{i\pi} = -1 \]

\begin{thebibliography}{99}
\bibitem{贈物} 吉田 武『新装版 オイラーの贈物―人類の至宝$e^{i\pi}=−1$を学ぶ』（東海大学出版会, 2010）
\bibitem{博士} 小川 洋子『博士の愛した数式』（新潮社, 2005）
\end{thebibliography}
\end{document}
```

← \begin{thebibliography}を追加

プレビュー結果は以下の通りです。

• 参考文献リストが追加される

1　オイラーの公式

レオンハルト・オイラーによる結果の中で最も有名なのは、以下の**オイラーの公式（Euler's formula）**ではないでしょうか。

$$e^{ix} = \cos x + i \sin x$$

参考文献

[1] 吉田 武『新装版 オイラーの贈物―人類の至宝 $e^{i\pi} = -1$ を学ぶ』（東海大学出版会, 2010）
[2] 小川 洋子『博士の愛した数式』（新潮社, 2005）

thebibliography 環境の使い方は、itemize 環境や enumerate 環境とほとんど同じです。文書作成をする上で参考にした文献を、**\bibitem{ ラベル名 }** のように箇条書きにします。ラベル名は、図や表に付けたラベルと同じで、参考文献を表す固有の目印（ID）のようなものだととらえてください。また、\begin{thebibliography}{99} の {99} の部分は、参考文献に自動的に振られる番号が最大で 99 であることを表します。

参考文献の相互参照

参考文献も、図表と同じように文中で相互参照することができます。参考文献は図表とは異なり、「参考文献リストにある文献は必ず相互参照をする」というルールはありませんが、文中で文献などからの引用を行った際は、必ず相互参照を使って文中から参照しましょう。以下のソースコードのように、**~\cite{ ラベル名 }** で行います。イメージをつかむために、先ほどのソースコードに相互参照を加えてみましょう。

Sample7-9.tex

```
\documentclass{jsarticle}
\title{オイラーの公式}
\author{数学 太郎}
\date{\today}
\begin{document}
\section{オイラーの公式}
レオンハルト・オイラーによる結果の中で最も有名なのは、以下の\textbf{オイラーの公式（Euler's formula）}ではないでしょうか。
\[ e^{ix} = \cos{x} + i\sin{x} \]
オイラーの公式は一言で、「この式の構成要素すべてが数学的に重要なもので、しかも、その関わり合いの精妙さ、大胆さにおいて他に比べるものがない」~\cite{贈物}と述べられています。

特に、両辺に$x=\pi$を代入した以下の結果は「宝石」と呼ばれるほど美しい結果と言われています。
\[ e^{i\pi} = -1 \]

この等式を題材にした小説は映画化もされました~\cite{博士}。


\begin{thebibliography}{99}
\bibitem{贈物} 吉田 武『新装版 オイラーの贈物―人類の至宝$e^{i\pi}=－1$を学ぶ』（東海大学出版会, 2010）
\bibitem{博士} 小川 洋子『博士の愛した数式』（新潮社, 2005）
```

~\cite{ラベル名}を追加

~\cite{ラベル名}を追加

```
\end{thebibliography}
\end{document}
```

プレビュー結果を見ると、~\cite{ ラベル名 } とした部分が [文献番号] に置き換えられていることがわかります。

● 参考文献の相互参照

> **1　オイラーの公式**
>
> レオンハルト・オイラーによる結果の中で最も有名なのは、以下の**オイラーの公式（Euler's formula）**ではないでしょうか。
>
> $$e^{ix} = \cos x + i \sin x$$
>
> オイラーの公式は一言で、「この式の構成要素すべてが数学的に重要なもので、しかも、その関わり合いの精妙さ、大胆さにおいて他に比べるものがない」 [1] と述べられています。
>
> 特に、両辺に $x = \pi$ を代入した以下の結果は「宝石」と呼ばれるほど美しい結果と言われています。
>
> $$e^{i\pi} = -1$$
>
> この等式を題材にした小説は映画化もされました [2]。
>
> **参考文献**
>
> [1] 吉田 武『新装版 オイラーの贈物—人類の至宝 $e^{i\pi} = -1$ を学ぶ』（東海大学出版会, 2010）
>
> [2] 小川 洋子『博士の愛した数式』（新潮社, 2005）

◎ 文献データベース（BibTeX）

数十冊程度の参考文献なら thebibliography 環境を使えば管理できますが、数が増えてくるとこの方法で管理するのは難しくなってきます。その際は、BibTeX というシステムを使い、以下のような手順で参考文献を管理する方法があります。

- **文献データベース（.bib ファイル）を別に作成する**
- **文中からそれを呼び出す**

本書では詳しく解説しませんが、Cloud LaTeX でもこの方法で管理することができます。必要な場合は使ってみてください。

1-4 マクロ（ユーザ定義コマンド）

- マクロの意味とメリットを理解する
- 基礎的なマクロ（自作コマンド）を作る
- マクロの世界の奥深さを知る

LaTeX にはさまざまな命令（コマンド）が用意されていますが、ある程度自由に「自作コマンド」を作ることができます。文書の内容によっては、この「自作コマンド」を定義すると便利なので、基本的な使い方だけ軽く触れておきましょう。

マクロ

「マクロ」は、LaTeX を含む IT の世界では**複数の操作をまとめて、必要に応じて呼び出せるようにする機能**のことを指します。LaTeX だけではなく、Excel や C 言語などでも使われる言葉です。

LaTeX では、**「自作コマンド」が「基礎的なマクロ」に対応している**と理解しておけばいいでしょう。LaTeX でマクロを突き詰めようとすると、それこそ LaTeX のもととなるシステムの TeX などに踏み込む必要が出てきます。ここでは、「マクロの基本」としての自作コマンドのありがたみを、例を通じてざっくりと見てみましょう。

◎例1「寿限無」

古典落語の演目である「寿限無」では、いつまでも長生きできるようにと考えて長い名前を付けられてしまう子どもが登場します。その名は「寿限無、寿限無、五劫の擦り切れ、海砂利水魚の、水行末・雲来末・風来末、喰う寝る処に住む処、藪ら柑子の藪柑子、パイポ・パイポ・パイポのシューリンガン、シューリンガンのグーリンダイ、グーリンダイのポンポコピーのポンポコナの、長久命の長助」です。

さて、この子どもが成長し、LaTeX で理系文書を執筆するようになったとしましょう。そして、文書中に自らの氏名が現れるたびにフルネームを書かなければいけないのは面倒だと気づきました。

そこで、彼は自作コマンドを使った以下のソースコードを書くようになりました。以下のソースコードでは、プリアンブル部で新たなコマンド \jugem を定義し、それを本文中で使用することで、毎回長い名前を書く手間を省いています。

Sample7-10.tex

```
\documentclass{jsarticle}
\newcommand{\jugem}{寿限無、寿限無、五劫の擦り切れ、海砂利水魚の、水行末・雲来末・風来末、喰う寝る処に住む処、藪ら柑子の藪柑子、パイポ・パイポ・パイポのシューリンガン、シューリンガンのグーリンダイ、グーリンダイのポンポコピーのポンポコナの、長久命の長助}  ← \newcommand{\jugem}の追加
\begin{document}
私の名前は \jugem です。いつまでも元気で長生きできるようにという願いを込めて、 \jugem という名前を付けられました。ちなみに、 \jugem と毎回入力するのが大変なので、マクロを使って \jugem と入力しています。
\end{document}
```

プレビュー結果は以下の通りです。実際の現場ではここまで極端なことはないかもしれませんが、これに類することが起こる可能性は十分にあります。

● 自作コマンドを利用した例

私の名前は 寿限無、寿限無、五劫の擦り切れ、海砂利水魚の、水行末・雲来末・風来末、喰う寝る処に住む処、藪ら柑子の藪柑子、パイポ・パイポ・パイポのシューリンガン、シューリンガンのグーリンダイ、グーリンダイのポンポコピーのポンポコナの、長久命の長助です。いつまでも元気で長生きできるようにという願いを込めて、 寿限無、寿限無、五劫の擦り切れ、海砂利水魚の、水行末・雲来末・風来末、喰う寝る処に住む処、藪ら柑子の藪柑子、パイポ・パイポ・パイポのシューリンガン、シューリンガンのグーリンダイ、グーリンダイのポンポコピーのポンポコナの、長久命の長助という名前を付けられました。ちなみに、 寿限無、寿限無、五劫の擦り切れ、海砂利水魚の、水行末・雲来末・風来末、喰う寝る処に住む処、藪ら柑子の藪柑子、パイポ・パイポ・パイポのシューリンガン、シューリンガンのグーリンダイ、グーリンダイのポンポコピーのポンポコナの、長久命の長助と毎回入力するのが大変なので、マクロを使って 寿限無、寿限無、五劫の擦り切れ、海砂利水魚の、水行末・雲来末・風来末、喰う寝る処に住む処、藪ら柑子の藪柑子、パイポ・パイポ・パイポのシューリンガン、シューリンガンのグーリンダイ、グーリンダイのポンポコピーのポンポコナの、長久命の長助と入力しています。

◉例2「組み合わせ数」

数学において、組み合わせの数を表す以下のような記法があります。

• 組み合わせを表す数式

これは異なる n 個から k 個を取り出すパターンの総数を表しています。ここでは数学的なことは置いておいて、LaTeX で数式として表現することを考えます。正解は以下の通りです（数式以外のソースコードは省略しています）。

```
{}_{n}\mathrm{C}_{k}
```

まず、C の左下の n を表現するために空の文字の右下に n を付けています。そして、C は通常の直立体にするために \mathrm で囲み、その下付き文字として k を付けています。やや無理がありますが、おそらくこのようにするのが一般的です。

例えば統計学や離散数学など、分野によってはこのような数式が頻繁に出てきます。その都度このように書くのは、とても面倒ですね。そこで役に立つのが**自作コマンド**です。以下のソースコードでは、プリアンブル部でこの「組み合わせ数」を実現するための自作コマンドを定義し、それを本文中で使っています。

```
\documentclass{jsarticle}
\newcommand{\combination}[2]{{}_{#1}\mathrm{C}_{#2}}
\begin{document}
\[
\combination{n}{k}
\]
\end{document}
```

プレビュー結果は、以下のように先ほどと同じ数式が表示されます。

• 組み合わせを表す数式

$${}_{n}\mathrm{C}_{k}$$

自作コマンド

2 つの例から、LaTeX で自作コマンドを使うと、**毎度書くのが面倒な文書やソースコードを、コマンド 1 つで楽に扱える**というメリットをおわかりいただけたでしょうか。自作コマンドを定義するときは、**\newcommand** を使います。

引数なし自作コマンド

例 1 のように、決まった文字列を自作コマンドで表示したいときは、以下のようにプリアンブル部に書きます。

```
\newcommand{\自作コマンド名}{表示内容}
```

例えば、例 1 では以下のように自作コマンド \jugem を定義しました。

```
\newcommand{\jugem}{寿限無、寿限無、五劫の擦り切れ、海砂利水魚の、水行末・
雲来末・風来末、喰う寝る処に住む処、藪ら柑子の藪柑子、パイポ・パイポ・パイ
ポのシューリンガン、シューリンガンのグーリンダイ、グーリンダイのポンポコ
ピーのポンポコナの、長久命の長助}
```

引数あり自作コマンド

例 2 のように、ユーザが n 、 k といった文字列や数値などをコマンドに与え、それにともなって表示内容を変えたいときは以下のように書きます。ユーザが自作コマンドに与える文字列や数値のことを**引数（ひきすう）**と呼びます。

```
\newcommand{\自作コマンド名}[引数の個数]{表示内容}
```

ただし、表示内容の中に、1 つ目 ,2 つ目 ,……の引数をそれぞれ #1,#2,……と書いて組み込みます。例えば、例 2 では、以下のように引数 #1,#2 を表示内容内に組み込んでいます。

```
\newcommand{\combination}[2]{{}_{#1}\mathrm{C}_{#2}}
```

本文中でこのコマンドを使うときは、以下のように引数として n 、 k を与えています。プレビュー結果では、与えた引数が数式内に組み込まれています。

• 与えた引数が数式内に組み込まれる

自作コマンドを使うメリット

次に示すように、自作コマンドを使うとさまざまなメリットがあります。

◎ メリット1：何度も同じことを書く手間が省ける

これは、例を通じた解説で納得できたポイントではないでしょうか。例えば、「寿限無のフルネーム」を何度も書くのは面倒ですね。しかし、自作コマンドに置き換えれば本文中でコマンドを書くだけでいいので、随分楽になります。

◎ メリット2：記法や内容の変更に柔軟に対応できる

例えば、以下のような文書で考えてみます。

• 数式を含む文書

数学において組み合わせ数 $_n\mathrm{C}_k$ は以下のように定義されます。

$$_n\mathrm{C}_k = \frac{n!}{k!(n-k)!}$$

$_n\mathrm{C}_k$ は、統計学、離散数学、さらには代数学など、さまざまな分野に現れます。とても有名な定理である**二項定理**にも、組み合わせ数 $_n\mathrm{C}_k$ が現れています。

$$(x+y)^n = \sum_{i=0}^{n} {}_n\mathrm{C}_k x^{n-k} y^k$$

ところで、この組み合わせ数は、高校数学などでは ${}_{n}\mathrm{C}_{k}$ と書きますが、大学の数学科などに行くと、以下のように書く人が多くなります※2。

- **数学科などでよく使われる組み合わせ数の書き方**

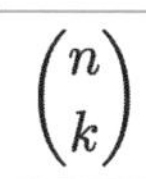

この書き方は、amsmath.sty において定義される \binom を使って \binom{n}{k} のように実現できます。

さて、先ほどの文書を数学科の文化に合わせて書き換えようとすると、従来のやり方では、 ${}_{n}\mathrm{C}_{k}$ の部分をすべて以下のように書き換えなければなりません。

```
{}_{n}\mathrm{C}_{k}    →  \binom{n}{k}
```

ここで \combination{n}{k} という自作コマンドを使っていれば、以下のようにプリアンブル部の \combination{n}{k} の定義を 1 箇所だけ書き換えれば済みます。

```
\documentclass{jsarticle}
\usepackage{amsmath}
\newcommand{\combination}[2]{\binom{#1}{#2}}
\begin{document}
数学において組み合わせ数$\combination{n}{k}$は以下のように定義されます。
\[ \combination{n}{k}  = \frac{n!}{k!(n-k)!} \]
$\combination{n}{k}$は、統計学、離散数学、さらには代数学など、さまざまな分野に現れます。とても有名な定理である\textbf{二項定理}にも、組み合わせ数$\combination{n}{k}$が現れています。
\[ (x+y)^{n} = \sum_{i=0}^{n} \combination{n}{k} x^{n-k}y^k \]

\[ \binom{n}{k} \]
\end{document}
```

プレビュー結果も、1 行書き換えるだけで綺麗に変更されます。

※2 これは単なる「文化の違い」ですが、数式の記法に関する「文化の違い」はあります。

• 自作コマンドの定義を変えて解決

数学において組み合わせ数 $\binom{n}{k}$ は以下のように定義されます。

$$\binom{n}{k} = \frac{n!}{k!(n-k)!}$$

$\binom{n}{k}$ は、統計学、離散数学、さらには代数学など、さまざまな分野に現れます。とても有名な定理である**二項定理**にも、組み合わせ数 $\binom{n}{k}$ が現れています。

$$(x+y)^n = \sum_{i=0}^{n} \binom{n}{k} x^{n-k} y^k$$

◎ メリット3：ソースコードの意味がわかりやすくなる

ソースコード内に {}_{n}\mathrm{C}_{k} と書いてあっても、じっくり読んでみないと意味がとらえにくいですが、\combination{n}{k} と書いてあれば、「おそらく組み合わせ（combination）数のことだ」とアタリを付けられます。このように「読みやすい」ソースコードを「可読性の高い（リーダブルな）」コードと呼びます。日頃から可読性の高いコードを書くよう心がけることはとても大切です。

1-5 図の作成

POINT

- LaTeX による図の作成の事情を理解する
- 自分にあった図の作成方法を考える

図を作成する方法

文書中に既存の図を挿入する方法はすでに解説しましたが、ここまで図を作成する方法には触れませんでした。

それには理由があります。LaTeX には「一応」、以下のような図表を作成する機能が備わっていますが、後述する理由によりそれほど使われていないのです。

- picture 環境
- TikZ（ティクス）

これらの機能を使うと「ソースコードで」非常に綺麗な図を書けます。試しに以下のソースコードを Cloud LaTeX に入力し、プレビューしてください。

Sample7-11.tex

```
\documentclass{jsarticle}
\usepackage[dvipdfmx]{graphicx}
\usepackage{tikz}
\begin{document}
\begin{figure}[htbp]
  \centering
  \begin{tikzpicture}
      \draw[step=0.5,very thin, gray] (-1.4,-1.4) grid(1.4,1.4);
      \draw(0,0) circle(1cm);
      \draw[->] (-1.5,0)--(1.5, 0);
      \draw[->] (0,-1.5)--(0,1.5);
  \end{tikzpicture}
  \caption{座標平面上の円}
  \label{fig:circle}
\end{figure}
\end{document}
```

\usepackage{tikz} を追加

プレビュー結果は以下のようになります。この図は、TikZ という図の作成機能が動いています。

• TikZにより描画した円と座標平面

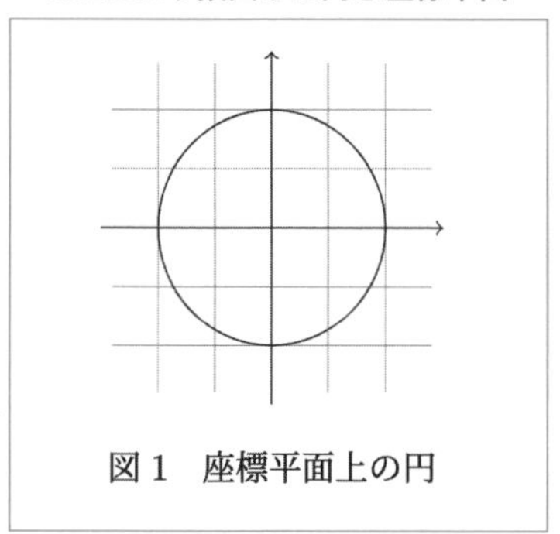

これらの機能を使うと、非常に綺麗な図を描画できますが、以下の理由からあまり使われません。

- **ソースコードだけで図を作成しなければならないので、作図にコツが必要（勉強のコストが高い）**
- **LaTeX 以外のツールで図を作成し、それを LaTeX のソースコードの中に取り込むほうが手間が少ない**

よって、LaTeX では、外部の作図ツールで図の作成を行って、それを書き出して \includegraphics で取り込むのが一般的な方法です。LaTeX で扱える図のファイル形式は PNG 形式（拡張子：png）、JPEG 形式（拡張子：jpeg）、EPS 形式（拡張子：eps）、PDF 形式（拡張子：pdf）の 4 つです。

しかし、可能な限りベクター形式※3 の図を使うことをおすすめします。図をベクター画像によって書き出せる作図ソフトは Inkscape、LibreOffice Draw、Ipe などがあります。お好みの作図ソフトを使ってみてください※4。

1-6 自作スタイルファイル

- 自作スタイルファイルの作り方とメリットを理解する
- 自作スタイルファイルの作成、読み込みを行い、ソースコードを簡潔にする

自作スタイルファイル

ここまで LaTeX のさまざまな機能を利用するために、プリアンブル部に \usepackage

※ 3 拡大／縮小しても画質が劣化しない図の形式です。EPS 形式や PDF 形式などのファイルはベクター形式も扱うことができます。

※ 4 筆者は個人的な好みで Ipe を使うことが多いです。EPS 形式で図を書き出し、\includegraphics で文書中に挿入します。

を書いたり、\newcommand や \DeclareMathOperator で自作コマンドを定義したりしました。これらをプリアンブル部に書き加えることで、柔軟な文書作成を行うためのさまざまな機能を呼び出したり作ったりできますが、以下のような欠点もあります。

- **プリアンブル部にこれらを書き足すとプリアンブル部が長くなり、読みにくいソースコードになる**
- **新しい文書を書き始めたときに、プリアンブル部を最初から書き直すか、前の文書のプリアンブル部をコピー＆ペーストしなければならない**

これらを解消する方法に、**自作スタイルファイル**があります。自作スタイルファイルとは、よく使うプリアンブル部の内容を別ファイルに保存したものをいいます。

用語

自作スタイルファイル
よく使うプリアンブル部の内容を別ファイルに保存したもの

● 肥大したプリアンブル部を自作スタイルファイル「myself.sty」へ

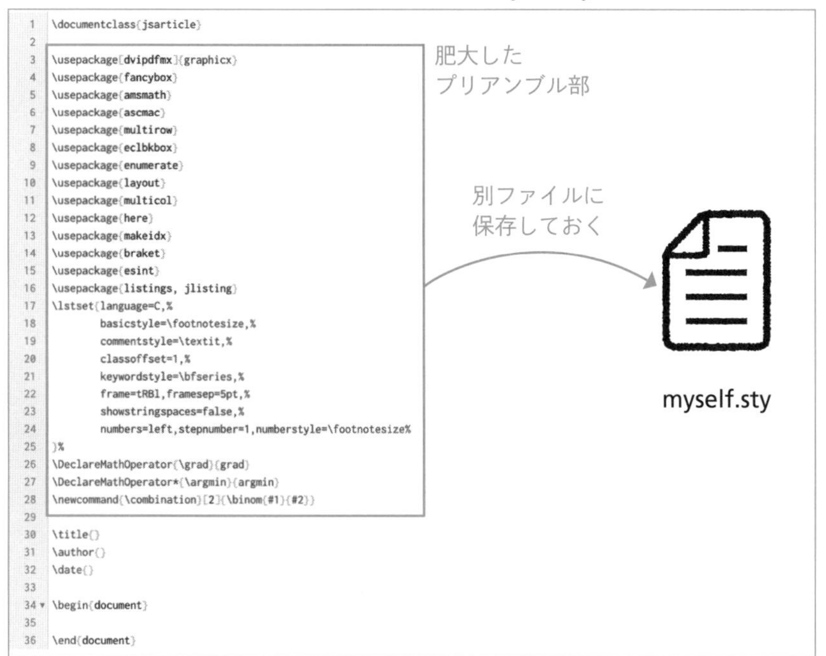

```
\documentclass{jsarticle}

\usepackage[dvipdfmx]{graphicx}
\usepackage{fancybox}
\usepackage{amsmath}
\usepackage{ascmac}
\usepackage{multirow}
\usepackage{eclbkbox}
\usepackage{enumerate}
\usepackage{layout}
\usepackage{multicol}
\usepackage{here}
\usepackage{makeidx}
\usepackage{braket}
\usepackage{esint}
\usepackage{listings, jlisting}
\lstset{language=C,%
        basicstyle=\footnotesize,%
        commentstyle=\textit,%
        classoffset=1,%
        keywordstyle=\bfseries,%
        frame=tRBl,framesep=5pt,%
        showstringspaces=false,%
        numbers=left,stepnumber=1,numberstyle=\footnotesize%
}%
\DeclareMathOperator{\grad}{grad}
\DeclareMathOperator*{\argmin}{argmin}
\newcommand{\combination}[2]{\binom{#1}{#2}}

\title{}
\author{}
\date{}

\begin{document}

\end{document}
```

あらかじめ自作スタイルファイルを作っておき、別文書のプリアンブル部で読み込むという方法で、毎回同じプリアンブル部をたった1行の読み込みで簡単に使えます。実際の手順を見ていきましょう。

◎自作スタイルファイルを作成する

まず、Cloud LaTeXのプロジェクト内に自作スタイルファイルを作成します。ここでは例としてファイル名を「myself.sty」としますが、ファイル名は自由に付けてかまいません。

● 新規ファイルを作成する

+ test_project ›
euler.jpeg
irasutoya.png
lenna.png
新規ファイル
新規フォルダ
アップロード
❶［+］をクリック
❷［新規ファイル］をクリック

● 自作スタイルファイル名を入力する

● 自作スタイルファイルが作成される

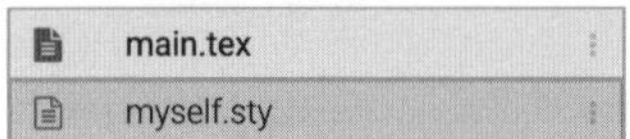

◎myself.styの中身にプリアンブル部を移す

肥大したプリアンブル部をすべてmyself.styの中に移します。コピー＆ペーストでかまいません。

● myself.styの中に肥大したプリアンブル部を移す

```
\usepackage[dvipdfmx]{graphicx}
\usepackage{fancybox}
\usepackage{amsmath}
\usepackage{ascmac}
\usepackage{multirow}
\usepackage{eclbkbox}
\usepackage{enumerate}
\usepackage{layout}
\usepackage{multicol}
\usepackage{here}
\usepackage{makeidx}
\usepackage{braket}
\usepackage{esint}
\usepackage{listings, jlisting}
\lstset{language=C,%
        basicstyle=\footnotesize,%
        commentstyle=\textit,%
        classoffset=1,%
        keywordstyle=\bfseries,%
        frame=tRBl,framesep=5pt,%
        showstringspaces=false,%
        numbers=left,stepnumber=1,numberstyle=\footnotesize%
}%
\DeclareMathOperator{\grad}{grad}
\DeclareMathOperator*{\argmin}{argmin}
\newcommand{\combination}[2]{\binom{#1}{#2}}
```

◎ 文書内からmyself.styを読み込む

作成する文書（.tex ファイル）と同じプロジェクト内にある自作スタイルファイル（myself.sty）を読み込みます。これだけで、myself.sty の中に書いた内容をすべてプリアンブル部に書いたのと同じことになります。

● myself.styを文書のプリアンブル部で読み込む

```
\documentclass{jsarticle}

\usepackage{myself}

\title{}
\author{}
\date{}

\begin{document}

\end{document}
```

◎ 別のプロジェクトからも自作スタイルファイルを使う

別のプロジェクトでスタイルファイル（myself.sty）を流用したいときは、Cloud LaTeX ではプロジェクトごとにその都度スタイルファイルを追加するしかないようです。先に説明した方法か、PC 上に用意したスタイルファイルをドラッグ & ドロップで追加するなどの方法で行います。ローカル環境で LaTeX を使っている場合、どの文書からでも自作スタイルファイルを読み込めますが、ここに関しては Cloud LaTeX のデメリットといえます（今後の対応に期待しましょう）。

1-7 LaTeX の便利機能

- LaTeX のさまざまな機能や活躍を知る
- これから LaTeX を学ぶ指針となりそうな、興味のある機能を見つける

Google Colaboratory ～ LaTeX の数式は共通言語～

Google が提供する「Google Colaboratory」というサービスがあります。これは、人工知能、機械学習のプログラムで用いられることが多い Python という言語を誰でも気軽に利用できるサービスです。

このサービスの特筆すべき点は、**「ノートブック（.ipynb ファイル）」という形式で Python のソースコードを取り扱う**ことです。そして「テキストセル」と「コードセル」を組み合わせて、あたかもレポートや教材のように「プログラム」と「その解説」がひとまとめになった非常に便利なファイル形式です。

- .ipynbファイルの例

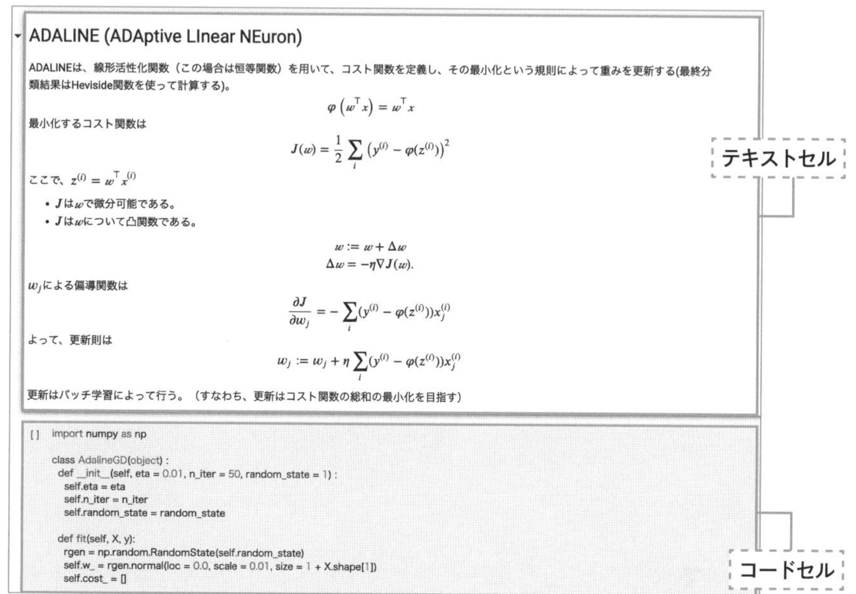

そして、テキストセルには数式を記載でき、その数式はLaTeXのソースコードで書けるのです。人工知能、機械学習のベースは数学によりあらゆる仕組みが作られているので、さまざまな数式とそれを実現するプログラムを組み合わせた.ipynbファイルが世界中で使われています。そこでの数式を記述する方法としてLaTeXの記法が採用されているのは、LaTeXの数式記述ルールが強力な「共通言語」として認識されている証拠といえるでしょう。Google Colaboratoryは誰でも簡単に使えるので、興味のある方はぜひ使ってみてください。

LaTeXで化学式を書く

化学の分野では、以下のような複雑な化学式が頻繁に使われます。LaTeXでは、化学式を綺麗に書くこともできます。

- 化学式の例

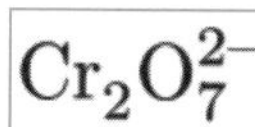

化学式をLaTeXで書く際は、mhchem.styが役立ちます。以下のようにプリアンブル部に記載すれば読み込むことができます。

```
\usepackage[version=3]{mhchem}
```

化学式を書くときは、以下のソースコードのように\ceという命令を使います。化学式を直立体にしたり、記号や数字を上付き／下付きにするのをほぼ自動的に行ってくれたりする非常に強力な命令です。ただし、LaTeXが自動判断できないなど、一部例外はあります。

```
\documentclass{jsarticle}
\usepackage[version=3]{mhchem}
\begin{document}
\ce{Cr2O7^2-}
\end{document}
```

プレビュー結果は以下の通りです。

● 化学式が綺麗に表示される

$\mathrm{Cr_2O_7{}^{2-}}$

mhchem.styを使えば、化学反応式や化学平衡、構造式など多岐にわたる化学分野の式を表現することができます。現状、化学分野ではLaTeXは一般的ではありませんが、LaTeXの強力な表現能力を化学分野で利用することはとても価値のあることでしょう。本書では詳細な言及は省きますが、化学分野の文書作成を行うことが多い方は、ぜひこの機能を利用してみてください。

LaTeXで数学の教材を作る

LaTeXを使って作る文書というと、論文や、大学でのレポートなど、フォーマルで高度なものを想像しがちですが、LaTeXには小中学校などで使われるような教材や試験など、初等的な文書を作るための機能も用意されています。以下の図は、筆者がその機能を使って作った、中学数学で使われる図です。

● LaTeXで作った中学数学の図

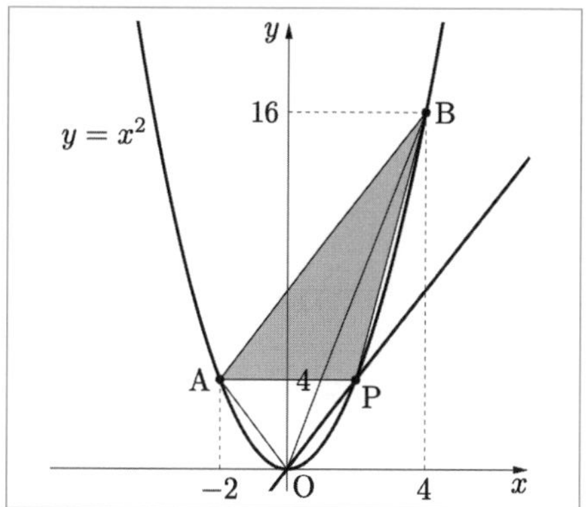

この図は、emath という、tDB こと大熊一弘さんにより開発された機能集を利用して作成したものです。emath を使うと、非常にフレキシブルに初等的な算数や数学に関連する式や図を作成することができます。そして、Cloud LaTeX には、emath があらかじめインストールされているので、すぐに使い始めることができます。

emath は非常に多くの機能からなるため本書では詳しく解説しませんが、初等的な数学教材に興味のある方はぜひ使ってみると、多彩な機能に驚くことでしょう。

2 練習問題

今までの知識を総動員した自由文書を作成しよう

問題 7-1 ★★★

今までに学んだ LaTeX の知識を総動員して、自由なテーマで文書を作成しなさい。7 日目で解説した内容だけでなく、これまで解説した内容を総動員すること。なお、LaTeX のルールは守ること。

また、作成した文書を、第 1 章の練習問題で作った文書と見比べて、成長を実感せよ。

練習問題の解答

1 1日目 はじめの一歩

1日目の練習問題の解答です。

1-1

レスリー・ランポートによって開発された文書組版（くみはん）システムのこと。

1-2

タイプセット（コンパイル）

1-3

- 【解答】

```
\documentclass{jsbook}
\title{はじめての\LaTeX 文書}
\author{Shinji Akematsu}
\date{\today}
\begin{document}
\maketitle
\chapter{\LaTeX の世界へようこそ。}

Hello \LaTeX !! \LaTeX の世界へようこそ。\LaTeX を使うと、以下のように美しい数式も簡単に記述できます。
\[x^n + y^n = z^n.\]
さらに、レイアウトが自動的に綺麗に整うのも凄いですね。
\end{document}
```

問題文のSample1-7では、7行目の「第1章 \LaTeX の世界へようこそ。」を、見出し命令を使わず手入力している点が誤りです。

2 2日目 LaTeXの基本

2日目の練習問題の解答です。

2-1

ドキュメントクラス。主要なものにはjarticle, jbook, jsarticle, jsbook, jreport, jsreportなどがある。

2-2

- **【解答】**

```
\documentclass[titlepage]{jsarticle}
\title{仙台市の魅力}
\author{仙台　四郎}
\date{\today}
\setcounter{tocdepth}{4}
\begin{document}
\maketitle
\tableofcontents
\newpage
\part{仙台市について}
仙台市（Sendai city）とは、宮城県の県庁所在地であり、「杜の都」という異名で呼ばれることもある、由緒正しき街です。この文書では、宮城県仙台市の魅力について簡単にまとめてみました。

\section{仙台の名物料理}
なんといっても仙台の名物料理には、「牛タン」「笹かま」「ずんだ餅」など、有名なものがたくさんあります。もう少しマイナーなものだと、「せり鍋」「定義山の三角油揚げ」「麻婆焼きそば」など、挙げてみればキリがありません。

\section{仙台の名所}
```

```
仙台には、「青葉城址」「東北大学」「勾当台公園」など、さまざまな名所があります。豊かな自然に囲まれ、ゆったりとした時間の中でたくさんの人が日々の活動に勤しんでいるのが、仙台という街を色濃く特徴づけています。
\subsection{東北大学のキャンパス}
東北大学は、仙台市内に点在する複数のキャンパスによって構成されています。
\paragraph{片平キャンパス}
金属材料研究所、電気通信研究所などの研究所や、大学本部などが設置されています。
\paragraph{川内キャンパス}
人文社会科学系の学部が設置されています。また、全学教育もこのキャンパスで行われます。
\paragraph{青葉山キャンパス}
工学系、理学系の学部が設置されています。
\paragraph{星陵キャンパス}
医学部、歯学部、加齢医学研究所などが設置されています。

\section{ようこそ仙台へ}
まだまだ書きたいことはありますが、今日はこのへんにしておきます。皆さん、ぜひ仙台に遊びに来てくださいね。
\end{document}
```

見出しは直接手で入力するのではなく、\part や \section や \paragraph などの見出し専用命令を必ず使うようにしましょう。

3日目 文字装飾／さまざまな環境

3日目の練習問題の解答です。

3-2

- 【解答】

```
\documentclass[10pt,titlepage]{jsarticle}
\title{お酒についてのまとめ}
\date{\today}
\author{山田 太郎}
\usepackage{ascmac}
\usepackage{enumerate}
\begin{document}
\maketitle
\newpage
\tableofcontents
\newpage
\section{日本で飲まれるお酒の種類}
日本では、さまざまなお酒が日々楽しまれています。その種類には主に以下のようなものがあります。
\begin{screen}
\begin{itemize}
\item
日本酒
\item
焼酎
\begin{itemize}
\item
芋焼酎
\item
麦焼酎
\item
米焼酎 などなど
```

```
\end{itemize}
\item
ビール
\item
ワイン
\begin{itemize}
\item
赤ワイン
\item
白ワイン
\end{itemize}
\item
ウイスキー
\item
カクテル
\item
サワー
\item
その他
\end{itemize}
\end{screen}
このように、多種多様なお酒があります。
\section{醸造酒と蒸留酒}
前節で挙げたお酒は、大きく\textbf{醸造酒}と\textbf{蒸留酒}に分かれます。醸造酒と醸造酒は、それぞれ以下のように作られるお酒のことです。

\begin{itembox}[l]{醸造酒}
穀類や果物などを発酵させて作る。
\end{itembox}

\begin{itembox}[l]{蒸留酒}
醸造酒を蒸留して作る。
\end{itembox}

前節で挙げたお酒を醸造酒と蒸留酒に分類すると、以下のようになります。
\begin{itemize}
\item
醸造酒
\begin{itemize}
\item
日本酒
\item
ワイン
\item
```

```
ビール
\end{itemize}
\item
蒸留酒
\begin{itemize}
\item
焼酎
\item
ウイスキー
\item
ジン、ウォッカなど
\end{itemize}
\end{itemize}
カクテル、サワーについては、焼酎ベースのお酒で作られることが大半なので、基本的には蒸留酒に分類されることが多いです。
\section{甲類焼酎と乙類焼酎}
焼酎はさらに、{\bf 甲類焼酎}と{\bf 乙類焼酎}に分類されます。
\begin{itembox}[l]{甲類焼酎}
連続蒸留によって作られる、アルコール度数36パーセント以下の焼酎。
\end{itembox}

\begin{itembox}[l]{乙類焼酎}
単式蒸留によって作られる、アルコール度数45パーセント以下の焼酎。
\end{itembox}

この分類は、日本における{\bf 酒税法}との関係で生まれたものです。

\section{日本の人気のお酒ランキング}
そんなさまざまなお酒ですが、日本の人気ランキングを発表しましょう。
\begin{itembox}[l]{日本で人気のお酒ランキング}
\begin{enumerate}[第1位.]
\item
ビール
\item
日本酒
\item
ワイン（特に白ワイン）
\end{enumerate}
\end{itembox}
\subsection{海外での人気のお酒}
海外では、国によって人気のお酒が異なりますが、アメリカではやはりビールが最も人気のお酒です。{\bf 「とりあえずビール」}という言葉が象徴するように、やはり世界中で愛されているのですね。
\section{まとめ}
```

```
お酒は時に人と人とのコミュニケーションを楽しく、円滑に彩ってくれますが、飲み過ぎによるトラブル、健康被害も多数報告されています。
\begin{center}
\Large{\textgt{お酒は楽しく、ほどほどに！}}
\end{center}
これを肝に銘じて、楽しくお酒と付き合っていきましょう。
\end{document}
```

4 4日目 数式

4日目の練習問題の解答です。

- 【解答】

```
\[ \frac{\partial^2 u}{\partial t^2} = c^2 \left( \frac{\partial^2 u}{\partial x^2} \right) \]
```

∂は \partial で表示します。このように見たことがない数学記号を入力する必要に迫られたときは、専用コマンドの一覧から探してきて入力をしましょう。

- 【解答】

```
\documentclass{jsarticle}
\title{2次方程式の解の公式の導出}
\author{数学 太郎}
\usepackage{amsmath}
\begin{document}
\maketitle
2次方程式$ax^2 + bx + c = 0\,(a\neq 0)$の解は以下のように係数の四則演算と根号を使って表せます。これを2次方程式の\textbf{解の公式}と呼びます。
\[ x = \frac{-b \pm \sqrt{b^2 -4ac}}{2a} \]

\section{導出}
2次方程式の解の公式は、以下のように平方完成を使うと導出できます。
\begin{align*}
ax^2 + bx + c &= a\left(x^2 + \frac{b}{a}x\right) + c\\
```

```
&= a\left(x^2 + \frac{b}{a}x + \frac{b^2}{4a^2} - \frac{b^2}{4a^2}\right) + c\\
&= a\left( x + \frac{b}{2a} \right)^2 - \frac{b^2}{4a} + c\\
&= a\left( x + \frac{b}{2a} \right)^2 - \frac{b^2-4ac}{4a}
\end{align*}
よって、
\begin{align*}
a\left( x + \frac{b}{2a} \right)^2 - \frac{b^2-4ac}{4a} &= 0\\
a\left( x + \frac{b}{2a} \right)^2  &= \frac{b^2-4ac}{4a}\\
\left( x + \frac{b}{2a} \right)^2  &= \frac{b^2-4ac}{4a^2}
\end{align*}
両辺の根号をとって変形すると、
\begin{align*}
x + \frac{b}{2a} &= \pm \frac{\sqrt{b^2-4ac}}{2a}\\
x &= -\frac{b}{2a}\pm \frac{\sqrt{b^2-4ac}}{2a}\\
x &= \frac{-b \pm \sqrt{b^2-4ac}}{2a}\\
\end{align*}
\section{平方完成の積分への応用}
平方完成を応用すると、次の形の積分を計算することができます。
\[ \int \frac{dx}{ax^2 + bx + c} \]

例として、次の積分を計算してみましょう。
\[ \int \frac{dx}{x^2 + 2x + 2} \]
分母を平方完成します。
\begin{align*}
\int \frac{dx}{x^2 + 2x + 2} &= \int \frac{dx}{(x^2 + 2x + 1 - 1) + 2}\\
&= \int \frac{dx}{(x^2 + 2x + 1) - 1 + 2}\\
&= \int \frac{dx}{(x+1)^2 + 1}\\
&= \arctan{(x+1)} + C
\end{align*}
ただし、$C$は積分定数です。
\end{document}
```

結構長く、大変だったかもしれませんね。align 環境や、align* 環境は数学の式変形を書くときに必ずと言ってよいほど使いますので、ぜひたくさん書いて使い方に慣れておきましょう。

5 5日目 図の挿入

5日目の練習問題の解答です。

5-1

・図にキャプションが入っていない。
・ラベルを用いた相互参照が行われていない。

- 【解答】

```
\documentclass{jsarticle}
\title{宮城県仙台市の魅力について}
\author{羅手府 太郎}
\date{\today}
\usepackage[dvipdfmx]{graphicx}
\usepackage{here}
\begin{document}
\maketitle
宮城県仙台市は素晴らしい街です。この文書では、宮城県仙台市の魅力について語ってみます。

\section{杜の都仙台}
仙台市はよく「杜の都（もりのみやこ）」という通称で呼ばれます。その理由は、街中が長い年月をかけて育ててきた豊かな緑に包まれていることです。

\begin{figure}[htbp]
\centering
\includegraphics[scale = 0.6]{fig1.jpeg}
\caption{定禅寺通の風景}
\label{fig:jozenji}
\end{figure}

図\ref{fig:jozenji}は仙台の主要な通りのうち特に美しい緑が印象的な\textbf{定禅寺通}の写真です。
\end{document}
```

キャプションとラベルを図に付与し、文中から相互参照するようにしました。

5-2

- 【解答】

```
\documentclass{jsarticle}
\title{レオンハルト・オイラーについて}
\author{山田 太郎}
\date{\today}
\usepackage[dvipdfmx]{graphicx}
\usepackage{here}
\begin{document}
\maketitle
この文書では、18世紀を代表する数学者\textbf{レオンハルト・オイラー}について語ります。

\section{レオンハルト・オイラー}
\textbf{レオンハルト・オイラー（Leonhard Euler）}は、1707年にスイスのバーゼルに生まれ、のちの19世紀に続く数学、さらには物理学における膨大な業績を残しました。図\ref{fig:euler}は、オイラーの有名な肖像画です。

\begin{figure}[H]
\centering
\includegraphics[scale = 0.3]{euler.jpeg}
\caption{レオンハルト・オイラー}
\label{fig:euler}
\end{figure}

\section{オイラーの公式}
なんといっても、式(\ref{eq:euler})は、オイラーの業績の中でも特に有名な\textbf{オイラーの公式}です。

\begin{equation}
e^{ix} = \cos{x} + i\sin{x} \label{eq:euler}
\end{equation}

$e$はネイピア数、$i$は虚数単位、$\cos, \sin$は三角関数です。特に式(\ref{eq:euler})において、$x=\pi$とした式(\ref{eq:euler2})は、虚数単位と円周率、ネイピア数を結び付けるあまりにも美しさゆえに、「宝石のような等式」とまで称されます。

\begin{equation}
e^{i\pi}=-1 \label{eq:euler2}
\end{equation}
```

```
\section{バーゼル問題}
さらに、オイラーの業績の中では、\textbf{バーゼル問題}の解決が有名です。バーゼル問題とは無限級数の問題の1つで、平方数の逆数すべての和はいくつかという問題ですが、オイラー以前にはベルヌーイという数学者がこの問題を解決するのに失敗しています。バーゼルはオイラーの故郷でもあり、ベルヌーイの故郷でもあるので、バーゼル問題と呼ばれているのですね。

バーゼル問題は、式(\ref{eq:basel})の値がいくらかという問題です。
\begin{equation}
\sum_{k=1}^{\infty} \frac{1}{k^2} = \frac{1}{1^2} + \frac{1}{2^2} + \frac{1}{3^3} + \cdots + \frac{1}{n^2} + \cdots \label{eq:basel}
\end{equation}

レオンハルト・オイラーは、三角関数の無限乗積展開という巧みな手法により、式(\ref{eq:basel})の値が$\frac{\pi^2}{6}$であることを予想し、後にこれが正しい結果であることが証明されました。バーゼル問題は、リーマンのゼータ関数という素数と密接に関わる関数の特殊値を表しており、その後の数学の発展においても非常に重要な結果を示唆しています。

\section{オイラーの生涯}
オイラーは、その類まれなる才能により、語るに余りある数々の業績を残し、その激動の生涯を終えました。表\ref{tab:euler}は、オイラーの生涯をまとめた年表です。

\begin{table}[htbp]
\centering
\begin{tabular}{|l|l|}
\hline
年 & 出来事 \\ \hline \hline
1707年 &　スイスのバーゼルに生まれる\\ \hline
1727年 & サンクトペテルブルクの科学学士院に赴任 \\ \hline
1741年 & ベルリン・アカデミーの会員となる \\ \hline
1771年頃 & 両目を失明 \\ \hline
1783年 & 76歳で亡くなる \\ \hline
\end{tabular}
\caption{オイラーの生涯}
\label{tab:euler}
\end{table}

オイラーは、その76年の生涯のうちに人類史上最多といわれるほどの膨大な量の論文や著書を残しました。我々がこうして数学によって支えられた便利な日常生活を送れるのも、オイラーが残した業績のおかげであるところが大きいのです。
\end{document}
```

6　6日目 スライドの作成

6日目の練習問題の解答です。

6-2

・【解答】

```
\documentclass[dvipdfmx, 11pt, notheorems]{beamer}
\usepackage{fancyvrb}
%%%% 和文用 %%%%%
\usepackage{bxdpx-beamer} % dvipdfmxで下のボタンを機能させる
\usepackage{pxjahyper} % 日本語でしおり機能を使う
\usepackage{minijs} % フォントメトリックをmin10 -> minijs
\usepackage{hyperref} % リンクを機能させる
\renewcommand{\kanjifamilydefault}{\gtdefault} % 既定和文フォントをゴシック体にする


%%%% スライドの見た目 %%%%%
\usetheme{Copenhagen}
\usefonttheme{professionalfonts}
\setbeamertemplate{navigation symbols}{}
\setbeamertemplate{frametitle}[default][center]
% \setbeamercovered{transparent}%好みに応じてどうぞ)
\setbeamertemplate{footline}[frame number] % ページ番号表示
\setbeamercolor{page number in head/foot}{fg=gray} % ページ番号の色

% \setbeamerfont{footline}{size=\normalsize,series=\bfseries}
\setbeamercolor{footline}{fg=black,bg=black}
% \pagestyle{empty}
%%%%

%%%% 定義環境 %%%%%
\usepackage{amsmath,amssymb}
\usepackage{amsthm}
```

```
\usepackage{verbatim}
\theoremstyle{definition}
\newtheorem{theorem}{定理}
\newtheorem{definition}{定義}
\newtheorem{proposition}{命題}
\newtheorem{lemma}{補題}
\newtheorem{corollary}{系}
\newtheorem{conjecture}{予想}
\newtheorem*{remark}{Remark}
\renewcommand{\proofname}{}
%%%%%%%%

%%%%% フォント基本設定 %%%%%
\usepackage[T1]{fontenc}%8bit フォント
\usepackage{textcomp}%欧文フォントの追加
\usepackage[utf8]{inputenc}%文字コードをUTF-8
\usepackage{otf}%otfパッケージ
\usepackage{lxfonts}%数式・英文ローマン体を Lxfont にする
\usepackage{bm}%数式太字にほんごにほんご
\usepackage{here}
%%%%%%%%%

\title{レオンハルト・オイラーについて}
\author{山田 太郎}
\date{\today}

\begin{document}
\begin{frame}
\titlepage
\end{frame}

\begin{frame}\frametitle{レオンハルト・オイラー}
このスライドでは、18世紀を代表する数学者{\bf レオンハルト・オイラー}について語ります。

{\textbf レオンハルト・オイラー(Leonhard Euler)}は、1707年にスイスのバーゼルに生まれ、のちの19世紀に続く数学、さらには物理学における膨大な業績を残しました。図\ref{fig:euler}は、オイラーの有名な肖像画です。\pause

\begin{figure}[H]
\centering
\includegraphics[scale = 0.35]{euler.png}
\caption{レオンハルト・オイラー}
\label{fig:euler}
```

```
\end{figure}
\end{frame}

\begin{frame}\frametitle{オイラーの公式}
なんといっても、式\ref{eq:euler}は、オイラーの業績の中でも特に有名な{\textbf オイラーの公式}です。\pause

\begin{block}{オイラーの公式}
\begin{equation}
e^{ix} = \cos{x} + i\sin{x}
\label{eq:euler}
\end{equation}
\end{block}

$e$はネイピア数、$i$は虚数単位、$\cos, \sin$は三角関数です。
\end{frame}


\begin{frame}\frametitle{オイラーの公式}

特に式(\ref{eq:euler})において、$x=\pi$とした式(\ref{eq:euler2})は、虚数単位と円周率、ネイピア数を結び付けるあまりにも美しさゆえに、「宝石のような等式」とまで称されます。\pause

\begin{block}{オイラーの公式（$x=\pi$）}
\begin{equation}
e^{i\pi} = -1
\label{eq:euler2}
\end{equation}
\end{block}

\end{frame}

\begin{frame}\frametitle{バーゼル問題}

さらに、オイラーの業績の中では、\textbf{バーゼル問題}の解決が有名です。

バーゼル問題とは無限級数の問題の1つで、平方数の逆数すべての和はいくつかという問題ですが、オイラー以前にはベルヌーイという数学者がこの問題を解決するのに失敗しています。バーゼルはオイラーの故郷でもあり、ベルヌーイの故郷でもあるので、バーゼル問題と呼ばれているのですね。\pause

バーゼル問題は、式(\ref{eq:basel})の値がいくらかという問題です。

\begin{block}{バーゼル問題}
```

```
\begin{equation}
\sum_{k=1}^{\infty} \frac{1}{k^2} = \frac{1}{1^2} + \frac{1}{2^2} + \frac{1}{3^3} + \cdots + \frac{1}{n^2} + \cdots \label{eq:basel}
\end{equation}
\end{block}
\end{frame}


\begin{frame}\frametitle{バーゼル問題}
レオンハルト・オイラーは、三角関数の無限乗積展開という巧みな手法により、式(\ref{eq:basel})の値が$\frac{\pi^2}{6}$であることを予想し、後にこれが正しい結果であることが証明されました。

バーゼル問題は、リーマンのゼータ関数という素数と密接に関わる関数の特殊値を表しており、その後の数学の発展においても非常に重要な結果を示唆しています。
\end{frame}

\begin{frame}\frametitle{オイラーの生涯}
オイラーは、その類まれなる才能により、語るに余りある数々の業績を残し、その激動の生涯を終えました。表\ref{tab:euler}は、オイラーの生涯をまとめた年表です。\pause

\begin{table}[htbp]
\centering
\caption{オイラーの生涯}
\label{tab:euler}
\begin{tabular}{|l|l|}
\hline
年 & 出来事 \\ \hline \hline
1707年 &  スイスのバーゼルに生まれる\\ \hline
1727年 & サンクトペテルブルクの科学学士院に赴任 \\ \hline
1741年 & ベルリン・アカデミーの会員となる \\ \hline
1771年頃 & 両目を失明 \\ \hline
1783年 & 76歳で亡くなる \\ \hline
\end{tabular}
\end{table}
\end{frame}

\begin{frame}\frametitle{オイラーの生涯}
オイラーは、その76年の生涯のうちに人類史上最多といわれるほどの膨大な量の論文や著書を残しました。我々がこうして数学によって支えられた便利な日常生活を送れるのも、オイラーが残した業績のおかげであるところが大きいのです。
\end{frame}
\end{document}
```

A-1 付録

これらの記号は、amsmath.sty や amssymb.sty を usepackage で読み込まないと使えないものがほとんどなので、プリアンブル部へ以下のように書いておけば困ることはないでしょう。

```
\usepackage{amsmath,amssymb}
```

等号

コマンド	出力
=	$=$
\neq	$\neq$
\sim	$\sim$
\simeq	$\simeq$

コマンド	出力
\approx	$\approx$
\fallingdotseq	$\fallingdotseq$
\risingdotseq	$\risingdotseq$
\equiv	$\equiv$

不等号

コマンド	出力
>	$>$
<	$<$
\geq	$\geq$
\geqq	$\geqq$

コマンド	出力
\leq	$\leq$
\leqq	$\leqq$
\gg	$\gg$
\ll	$\ll$

演算子

コマンド	出力
+	$+$
-	$-$
\times	$\times$
\div	$\div$
\pm	$\pm$
\mp	$\mp$
\oplus	$\oplus$
\ominus	$\ominus$

コマンド	出力
\otimes	$\otimes$
\oslash	$\oslash$
\circ	$\circ$
\cdot	$\cdot$
\bullet	$\bullet$
\ltimes	$\ltimes$
\rtimes	$\rtimes$

集合

コマンド	出力
\in	$\in$
\ni	$\ni$
\notin	$\notin$
\subset	$\subset$
\supset	$\supset$
\subseteq	$\subseteq$
\supseteq	$\supseteq$
\nsubseteq	$\nsubseteq$

コマンド	出力
\nsupseteq	$\nsupseteq$
\subsetneq	$\subsetneq$
\supsetneq	$\supsetneq$
\cap	$\cap$
\cup	$\cup$
\emptyset	$\emptyset$
\infty	∞

大型演算子

コマンド	出力
\sum	$\sum$
\prod	$\prod$
\coprod	$\coprod$
\int	$\int$
\bigcap	$\bigcap$
\bigcup	$\bigcup$
\bigsqcup	$\bigsqcup$

コマンド	出力
\oint	$\oint$
\bigvee	$\bigvee$
\bigwedge	$\bigwedge$
\bigoplus	$\bigoplus$
\bigotimes	$\bigotimes$
\bigodot	$\bigodot$
\biguplus	$\biguplus$

ギリシャ文字（小文字）

コマンド	出力	読み方
\alpha	α	アルファ
\beta	β	ベータ
\gamma	γ	ガンマ
\delta	δ	デルタ
\epsilon	ϵ	イプシロン
\zeta	ζ	ゼータ
\eta	η	イータ
\theta	θ	シータ
\iota	ι	イオタ
\kappa	κ	カッパ
\lambda	λ	ラムダ
\mu	μ	ミュー

コマンド	出力	読み方
\nu	ν	ニュー
\xi	ξ	クシー
o	o	オミクロン
\pi	π	パイ
\rho	ρ	ロー
\sigma	σ	シグマ
\tau	τ	タウ
\upsilon	υ	ユプシロン
\phi	ϕ	ファイ
\chi	χ	カイ
\psi	ψ	プシー
\omega	ω	オメガ

ギリシャ文字（小文字／筆記体）

コマンド	出力
\varepsilon	ε
\vartheta	ϑ
\varrho	ϱ
\varsigma	ς
\varphi	φ

ギリシャ文字（大文字）

コマンド	出力
A	A
B	B
\Gamma	Γ
\Delta	Δ
E	E
Z	Z
H	H
\Theta	Θ

コマンド	出力
I	I
K	K
\Lambda	Λ
M	M
N	N
\Xi	Ξ
O	O
\Pi	Π

コマンド	出力
P	P
\Sigma	Σ
T	T
\Upsilon	Υ
\Phi	Φ
X	X
\Psi	Ψ
\Omega	Ω

ドット

コマンド	出力
\cdot	$\cdot$
\cdots	$\cdots$
\vdots	$\vdots$
\ddots	$\ddots$
\ldots	$\ldots$

アクセント記号

コマンド	出力
\vec{a}	$\vec{a}$
\acute{a}	$\acute{a}$
\grave{a}	$\grave{a}$
\hat{a}	$\hat{a}$
\bar{a}	$\bar{a}$
\breve{a}	$\breve{a}$

コマンド	出力
\check{a}	$\check{a}$
\tilde{a}	$\tilde{a}$
\dot{a}	$\dot{a}$
\ddot{a}	$\ddot{a}$
\dddot{a}	$\dddot{a}$
\ddddot{a}	$\ddddot{a}$

矢印記号

コマンド	出力
\leftarrow	$\leftarrow$
\rightarrow	$\rightarrow$
\Leftarrow	$\Leftarrow$
\Rightarrow	$\Rightarrow$
\leftrightarrow	$\leftrightarrow$
\Leftrightarrow	$\Leftrightarrow$
\mapsto	$\mapsto$
\hookleftarrow	$\hookleftarrow$
\hookrightarrow	$\hookrightarrow$
\leftharpoonup	$\leftharpoonup$
\rightharpoonup	$\rightharpoonup$
\leftharpoondown	$\leftharpoondown$
\rightharpoondown	$\rightharpoondown$

コマンド	出力
\rightleftharpoons	$\rightleftharpoons$
\longleftarrow	$\longleftarrow$
\longrightarrow	$\longrightarrow$
\Longleftarrow	$\Longleftarrow$
\Longrightarrow	$\Longrightarrow$
\longleftrightarrow	$\longleftrightarrow$
\Longleftrightarrow	$\Longleftrightarrow$
\longmapsto	$\longmapsto$
\nearrow	$\nearrow$
\searrow	$\searrow$
\swarrow	$\swarrow$
\nwarrow	$\nwarrow$

矢印記号

コマンド	出力
\dashleftarrow	⇠
\dashrightarrow	⇢
\leftleftarrows	⇇
\leftrightarrows	⇆
\rightrightarrows	⇉
\rightleftarrows	⇄
\upuparrows	⇈
\downdownarrows	⇊
\Lleftarrow	⇚
\Rrightarrow	⇛
\twoheadleftarrow	↞
\twoheadrightarrow	↠
\leftarrowtail	↢
\rightarrowtail	↣
\looparrowleft	↫
\looparrowright	↬
\leftrightharpoons	⇋
\rightleftharpoons	⇌

コマンド	出力
\curvearrowleft	↶
\curvearrowright	↷
\circlearrowleft	↺
\circlearrowright	↻
\Lsh	↰
\Rsh	↱
\upharpoonleft	↿
\upharpoonright	↾
\downharpoonleft	⇃
\downharpoonright	⇂
\rightsquigarrow	⇝
\leftrightsquigarrow	↭
\nleftarrow	↚
\nrightarrow	↛
\nLeftarrow	⇍
\nRightarrow	⇏
\nleftrightarrow	↮
\nLeftrightarrow	⇎

あとがき

筆者がはじめてLaTeXを触ったのは高等専門学校(高専)の3年生、18歳のときだったと記憶しています。きっかけは数学の授業でした。夏休みに数学関係の本を読んで、その感想レポートを書くという課題が出ました。そして、なんやかんやの流れで、そのときの数学の先生から「LaTeXで書いてくれば?」と言われ、せっかくだからと思ってインストールをしてみたのが筆者のLaTeXとの出会いでした。

それから15年近い年月の間、ずっとLaTeXを使い続け、このような入門書まで書かせていただいて改めて思うのは、LaTeXの洗練された思想、そして歴史に裏付けられた圧倒的表現能力のすばらしさです。

いくらMicrosoft Wordがデファクトスタンダードとして日本中で使われているとはいっても、やはり大学や高専などでは未だにLaTeXが幅広く使われています。さらに本書の中でも紹介したGoogle Colaboratoryのテキストセルでの数式記述言語として採用されたりなどもしていることを鑑みるに、これからもLaTeXは日本中で使われ続けることでしょう。

LaTeXの学び方は、どうしても「網羅的」になりがちです。その大きな理由として、LaTeXが最近流行りの「プログラミング言語」※1ではなく、「マークアップ言語」※2であるためです。プログラミング言語は、学んでいく「流れ」「ストーリー」がハッキリとしているので、流れに沿って学んでいくタイプの教材が比較的多い印象があります。しかし、マークアップ言語の場合は、さまざまな機能を独立して覚えていくような作業になりがちなので、「こう書いたらこうなります」の単調な繰り返しになりがちです。

LaTeXの世界にも、そんな「読者と一緒に寄り添って歩いていく」タイプの教材があったらいいな、と筆者はずっと思っていました。それこそ、15年近く前にLaTeXをウンウン唸りながら学んでいたときの過去の自分も、そんなことを考えていた気がします。そうしたら、光栄なことにこの本を執筆する機会を頂き、無事にこうして皆さまのお手元にお届けするに至りました。「寄り添いタイプ」のLaTeX入門書、いかがでしたでしょうか。

本書では、LaTeXを使った「基本的な」文書作成を困らずに行えるようになることを目標にしています。そのために必要十分な内容を厳選して収録し、丁寧に解説する

※1 コンピュータに計算や表示などの処理を指示するための言語のこと。C言語やJava、Pythonなどがその例。
※2 文書の見た目や構造を制御するための言語のこと。HTMLなどがその例。

ことを心がけました。そして、本書中でも何度も述べたとおり、LaTeX の機能は本書だけではとても紹介しきれないほどに膨大です。ですので、本書を使って LaTeX の世界に足を踏み入れることができたあなたが次に目指すのは、「必要な情報を自由自在に調べて使う」能力です。本書を読破していただいた方であれば、必要になった機能をインターネットや書籍で調べてみれば、「あぁ、こういうことね」と難なく納得することができるでしょう。実は、これがとても大事なスキルなのです。本書を読み始めたときには、LaTeX の世界でハイハイをしていたくらいだったあなたは、恐らくもう自分の足で歩いていけるくらいの力を身に付けていることでしょう。この力が身に付いたら、あとは自力でどんどん調べて、学んで、使って、成長して行けばよいだけです。いわば無敵状態です。

読者のあなたにぜひおすすめしたいのは、せっかく LaTeX を学んだので、これからも気軽に LaTeX を使い続けてほしいということです。LaTeX を学ぶ必要に迫られる動機というのは、どうしても論文執筆やレポート執筆など、「仕方なく…」ということが多いでしょう。しかし、ここまで勉強してみて、「あれ？　LaTeX、すごいじゃん？」という気持ちになっていませんか。ぜひ、フォーマルな文書はもちろんですが、日常的な気楽な文書にも、LaTeX をどんどん活用してみてください。筆者ははじめて LaTeX に触れてから、その便利さに魅了され、さまざまな数学の教材を趣味で作るようになりました。そして、Web で公開していたら、いろいろな人が見てくれるようになり、書籍化の流れが生まれたり、塾を立ち上げることになったり、とにかくいろんなことにつながりました。そういう意味で僕は、LaTeX に人生を変えられた人間だと思っています。もし本書の読者から、LaTeX で人生が変わるような体験をしてくれる人がひとりでも生まれたら、それこそ筆者冥利に尽きるというものです。

本書の執筆にあたり、的確なレビューをいただきましたレビュワーチームの小沼海さん、宇野健太朗さん、佐々木亮太くん、月岡彦穂くん、演習問題の作成にご協力頂いた北原盛雄さん、ありがとうございました。また、執筆のお話をいただき、懇切丁寧にサポートして頂いた、畑中二四さま、大津雄一郎さま、石崎美童さまに深く感謝申し上げます。そして、僕を 15 年前に LaTeX の世界に導いてくださった佐古彰史先生、今度飲みながら LaTeX の話に付き合ってください。

2022 年 6 月　明松 真司

索引

記号

_ ··· 112
\, ··· 132
\(\) ··· 109
\\ ··· 164
& ··· 164
^ ··· 112
~\cite ··· 240
∞ ··· 118
$ ··· 109
π ··· 118
Σ ··· 117

A

alertblock 環境 ··· 204
align 環境 ··· 138
argmin ··· 130
\author ··· 61, 197

B

Beamer ··· 190
\begin ··· 24, 80
\bibitem ··· 240
BibTeX ··· 241
block 環境 ··· 203
breakbox 環境 ··· 84

C

center 環境 ··· 91
chapter ··· 43
\chapter ··· 52
\cline ··· 167
Cloud LaTeX ··· 14

D

\date ··· 61, 197
\DeclareMathOperator ··· 129
description 環境 ··· 207
\dfrac ··· 115
\documentclass ··· 62, 72

E

eclbkbox.sty ··· 84
\end ··· 24, 80
enumerate.sty ··· 88
enumerate 環境 ··· 87, 205
EPS（EncapsulatedPostScript）ファイル ··· 148
eqnarray 環境 ··· 139
esint.sty パッケージ ··· 123
exampleblock 環境 ··· 204

F

figure* 環境 ··· 230
figure 環境 ··· 152
flushleft 環境 ··· 91
flushright 環境 ··· 91
\frac ··· 113
\frametitle ··· 202
frame 環境 ··· 202

G

geometry.sty ··· 226
Google Colaboratory ··· 254
grad ··· 129
GUI ··· 191

F

\hline ··· 164
\huge ··· 73

I

\includegraphics ··· 152, 157
\institute ··· 197
\int ··· 119

\item ………… 207
itembox 環境 ………… 82
itemize 環境 ………… 87, 205

J

jarticle ………… 28, 36
jbook ………… 41
jclasses ………… 36
jlisting.sty ………… 95
JPEG ファイル ………… 148
jreport ………… 39
jsarticle ………… 28, 37
jsbook ………… 29, 42
jsclasses ………… 36
jsreport ………… 40

L

LaTex ………… 10
\left ………… 135
lim 型 ………… 127
log 型 ………… 127
lstlisting 環境 ………… 95

M

\maketitle ………… 26, 61, 201
\mathrm ………… 131
mhchem.sty ………… 256
\mid ………… 136
\middle ………… 136
\multicolumn ………… 166
\multirow ………… 168
multicols 環境 ………… 232

N

\newcommand ………… 245
\newpage ………… 27, 50
\newtheorem ………… 142
n 乗根 ………… 116

P

paragraph ………… 43
part ………… 43
\pause ………… 216
pause 命令 ………… 216
picture 環境 ………… 249
PNG ファイル ………… 148
PS（PostScript）ファイル ………… 148
pt ………… 71
px ………… 71

R

\ref ………… 183
\right ………… 135

S

\section ………… 24, 56
section ………… 43, 215
\Set ………… 137
\setcounter ………… 56
\sqrt ………… 115
subparagraph ………… 43
subsection ………… 43, 215
subsubsection ………… 215
\sum ………… 117

T

table* 環境 ………… 230
Tables Generator ………… 170
table 環境 ………… 161
tabular 環境 ………… 161
\tableofcontents ………… 27, 50
\textbf ………… 75
\textit ………… 75
\title ………… 61, 197
TeX ………… 11
TeXclip ………… 140
thebibliography 環境 ………… 239
TikZ ………… 249
titlepage ………… 63

twocolumn……227

U

\usepackage……80
\usetheme……219

V、W

verbatim 環境……94
Web equation……140

ア行

イタリック体……75
入れ子……81
インデント……81
インライン数式……108

カ行

環境……79
キャプション……172
ギリシャ文字……124
組み合わせ数……244
高機能版 enumerate 環境……88
コメントアウト……64
根号……115
コンパイル……20

サ行

索引……235
参照……180
自作コマンド……244
自作スタイルファイル……250
指数……112
集合……135
手動採番……31
上下関係（階層）……44
章見出し……46
証明環境……141
数学記号……125
数式……106, 176, 208
数式環境……108
数式モード……108
スタイルファイル……80
相互参照……179, 183
相対サイズ指定……74
総和記号（シグマ記号）……117
添字……112
ソースコード……12, 19
ソースファイル……18

タ行

タイトル部……25
タイプセット……13
定義済み関数……125
ディスプレイ数式……108
定理環境……141
テンプレート……193
ドキュメントクラス……28, 35

ナ行

ノートブック（.ipynb ファイル）……254

ハ行

ハイライト……20
引数……245
標準フォントサイズ……73
フォントサイズ……70
深さレベル……53
プリアンブル部……23
プロジェクト……17
文書組版……10

マ行

マクロ……242

ラ行

ラテック……10
ラテフ……10
ラベル……172
ラベルの命名規則……176

著者プロフィール

明松 真司（あけまつ・しんじ）

合同会社HaikaraCity代表。宮城県委託案件や、各種企業、学校向けに数学／プログラミング言語／AIに関わる研修や入門講義、コンサルティング、著述業などを主に行う。仙台デザイン＆テクノロジー専門学校AI系コース講師。高専入試/高専のための学習塾「ナレッジスター」創業者。著書に『線形空間論入門』（プレアデス出版）、『徹底攻略ディープラーニングG検定ジェネラリスト問題集 第2版』（インプレス）、『Pythonで超らくらくに数学をこなす本』（オーム社）などがある。

スタッフリスト

編集	大津 雄一郎（株式会社リブロワークス）
	石崎美童（株式会社リブロワークス）
	畑中 二四
表紙デザイン	阿部 修（G-Co.inc.）
表紙イラスト	神林 美生
表紙制作	鈴木 薫
本文デザイン・DTP	株式会社リブロワークスデザイン室
編集長	玉巻 秀雄

■商品に関する問い合わせ先

このたびは弊社商品をご購入いただきありがとうございます。本書の内容などに関するお問い合わせは、下記のURLまたはQRコードにある問い合わせフォームからお送りください。

https://book.impress.co.jp/info/

上記フォームがご利用頂けない場合のメールでの問い合わせ先
info@impress.co.jp

※お問い合わせの際は、書名、ISBN、お名前、お電話番号、メールアドレス に加えて、「該当するページ」と「具体的なご質問内容」「お使いの動作環境」を必ずご明記ください。なお、本書の範囲を超えるご質問にはお答えできないのでご了承ください。

- 電話やFAX でのご質問には対応しておりません。また、封書でのお問い合わせは回答までに日数をいただく場合があります。あらかじめご了承ください。
- インプレスブックスの本書情報ページ https://book.impress.co.jp/books/1121101076 では、本書のサポート情報や正誤表・訂正情報などを提供しています。あわせてご確認ください。
- 本書の奥付に記載されている初版発行日から3 年が経過した場合、もしくは本書で紹介している製品やサービスについて提供会社によるサポートが終了した場合はご質問にお答えできない場合があります。

■落丁・乱丁本などの問い合わせ先

FAX 03-6837-5023
service@impress.co.jp
※古書店で購入された商品はお取り替えできません

1週間でLaTeXの基礎が学べる本

2022年7月21日 初版発行

著 者 明松 真司

発行人 小川 亨

編集人 高橋 隆志

発行所 株式会社インプレス
〒101-0051 東京都千代田区神田神保町一丁目105番地
ホームページ https://book.impress.co.jp/

印刷所 日経印刷株式会社

ISBN978-4-295-01388-4 C3055

Printed in Japan